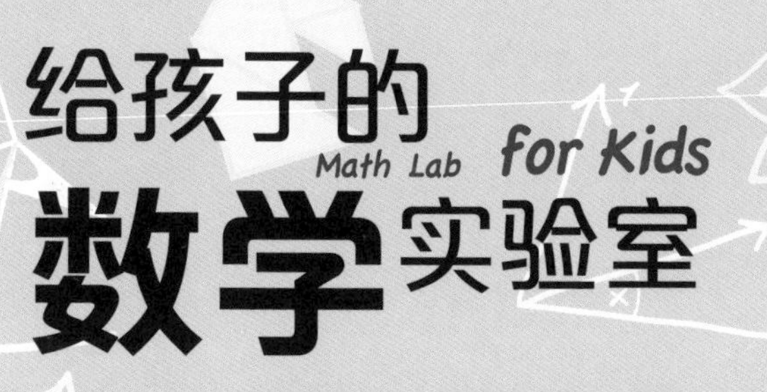

给孩子的数学实验室

Math Lab for Kids

[美] 丽贝卡·拉波波特 J.A. 约德 著 刘永明 译

华东师范大学出版社

·上海·

图书在版编目（CIP）数据

给孩子的数学实验室/(美)丽贝卡·拉波波特，(美)J.A.约德著；刘永明译.
—上海:华东师范大学出版社，2018
ISBN 978-7-5675-7858-6

Ⅰ.①给… Ⅱ.①丽… ②J… ③刘… Ⅲ.①数学－少儿读物
Ⅳ.①01-49

中国版本图书馆CIP数据核字（2018）第132729号

Math Lab for Kids: Fun, Hands-On Activities for Learning with Shapes, Puzzles, and Games
By Rebecca Rapoport and J.A. Yoder

上海市版权局著作权合同登记　图字：09-2017-612号
审图号：GS（2018）6912号

给孩子的实验室系列

给孩子的数学实验室

著　　者　(美)丽贝卡·拉波波特　(美)J.A.约德
译　　者　刘永明
策划编辑　沈　岚
审读编辑　丁　倩
责任校对　林文君
封面设计　卢晓红
版式设计　宋学宏

出版发行　华东师范大学出版社
社　　址　上海市中山北路3663号　　邮编 200062
网　　址　www.ecnupress.com.cn
电　　话　021-60821666　行政传真 021-62572105
客服电话　021-62865537　门市(邮购)电话 021-62869887
地　　址　上海市中山北路3663号华东师范大学校内先锋路口
网　　店　http://hdsdcbs.tmall.com

印 刷 者　上海当纳利印刷有限公司
开　　本　889×1194　16开
印　　张　9.75
字　　数　268千字
版　　次　2019年1月第1版
印　　次　2022年11月第6次
书　　号　ISBN 978-7-5675-7858-6/O·285
定　　价　75.00元

出 版 人　王　焰

（如发现本版图书有印订质量问题，请寄回本社客服中心调换或电话021-62865537联系）

献给ALLANNA、ZACK和XANDER

愿你们总能在数学和其他事情上找到乐趣!

目录

奇妙的七巧板 83

巧解古代中国的智力拼图：

用一套七巧板做出不同的形状

火柴棍智力拼图 91

用火柴棍的各种图式来创建

及解迷费脑筋的拼图

尼姆游戏 99

学习尼姆游戏，找出必胜的策略

图 论 111

探索点和边是怎样互相连接的

前　言

欢迎来到数学家的秘密世界！

本书将带领你发现往常只有专家才能看到的令人激动的数学之美。更神奇的是，即使是6到10岁的孩子也能理解。我们认为如果有更多的孩子有机会进入广阔的数学世界嬉戏，那么世界上喜欢数学的人会比现在多得多。

很多人认为数学必须通过爬阶梯的方式才能学习：先加法，然后减法，再乘法，然后除法，之后分数，等等。实际上，数学更像一棵树，其中很多领域的学习只需要最基础的知识。大量有趣可爱却不幸被忽略的数学知识的学习，并不需要任何基础，只要介绍的方式适宜，每个人都能理解。

在这本书里，孩子们会用到剪切、粘贴、缝纫或者涂色，他们可以想象自己漫步在哥尼斯堡的桥上，沿着前人的足迹，探索曾构建出整个数学领域的问题。他们也会在停车场画出巨大的形状。读者可能会问："这怎么是数学？"这听起来或许不像数学，用不到铅笔、记忆和计算器。但我们向你保证，你将遇到的数学更接近于数学家们实际上所做的。

数学家们在玩数学。他们提出有趣的问题并研究可能的解答。虽然可能出现很多死胡同，但数学家们知道失败也是一种学习。在这本书中，你有机会像数学家那样去思考，带着一个预设的想法去实验，看看能发现什么，琢磨一个问题，看看有什么结果发生，这个方法对数学家而言非常普遍但也非常有用。光看书你并不会得到什么，一定要去尝试书里的实验，任何实验都可以，看看实验揭示了什么，这是一种学习方法，不仅适用于数学，也适用于科学、工程、写作，甚至生活！

这是你进入鲜为人知的数学世界的机会，翻开书亲自去探索吧！

用书指南

你可以按照任意次序阅读这本书里的单元。偶尔可能有某个单元会提到其他单元中学到的方法，即使你还没有学到，但是总有替代的解决方法。

在每一单元中，我们建议按所给出的顺序做实验，因为在同一单元里，后面的实验常常会用到前面实验学到的知识。

这本书用到的材料都成功地通过了6到10岁孩子的检验，在他们做实验时，建议由父母、老师或兄姐提供全程指导。即使是初中生、高中生或成人学生，也会对这本书的大部分材料感兴趣。对于有些实验，大孩子会试用一些更先进的技巧，而小孩子则用一些简单的方法或者需要在帮助下才能完成。例如，在“神奇的分形”这个单元里，大孩子会用尺来找形状的中心，而小孩子可能只是用目测来估计，但两者的结果会惊人地接近。小孩子可能需要得到某些帮助，如打结、穿针和使用剪刀等。

在每个单元的引言部分，都提出了若干需要“**想一想**”的问题，建议先试着回答这些问题，然后再继续阅读本单元内容。这样在我们给出正式的概念之前，你将有机会自己思考。有时，我们会在单元内直接回答“**想一想**”提出的问题。而有时候，我们却不这样做，在这种情况下，如果你仍旧对这个问题好奇，可查看本书最后的“**提示与解答**”。通常我们希望学生多花些时间去做实验，而不是草草了事直接翻看答案。真正的数学富含奥秘与实验，比大多数人所了解的多得多。

有些单元有“**试一试**”的问题。它给出了与这个单元相关的另外的内容。我们在提出“**试一试**”问题的同时，也大多给出了解答的提示，你也可以参看本书最后的“**提示与解答**”。

有些单元有“**数学见面会**”环节，这是一个团队活动，旨在增加学习过程的合作性。

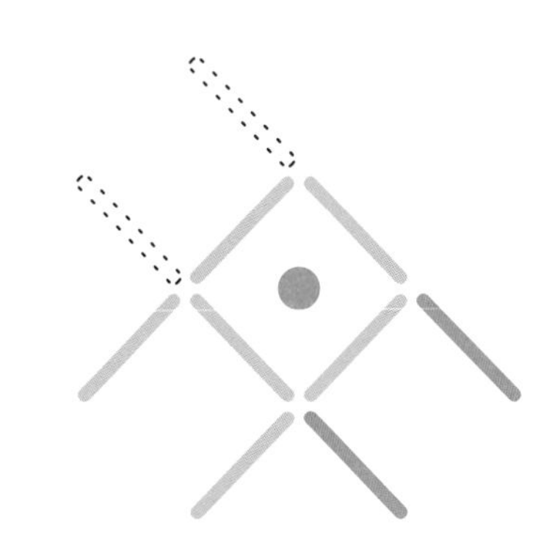

我们试图让本书在内容上呈现自给自足，只需要简单的家庭用品就能完成实验。例如，在“**图论**”单元，书上的图大到足以让你直接观察。在“**像数学家那样给地图着色**”单元，书上的地图大到足以让你直接着色。有一小部分实验，我们在本书的“**操作页**”部分提供了可以撕下、剪下或在上面涂画的纸样。如果你可以使用计算机和打印机的话，我们把这部分素材还有更多的内容放在网站 mathlabforkids.com 上。这个网站上还有许多书中操作页的放大版，你可以任意下载及打印。

我们乐于倾听你对本书提出的问题或者你从我们的书中获得的成功经验。请通过我们网站上的联系信息与我们联系。

我们希望你喜欢这本书，正如我们编书时那样喜欢。

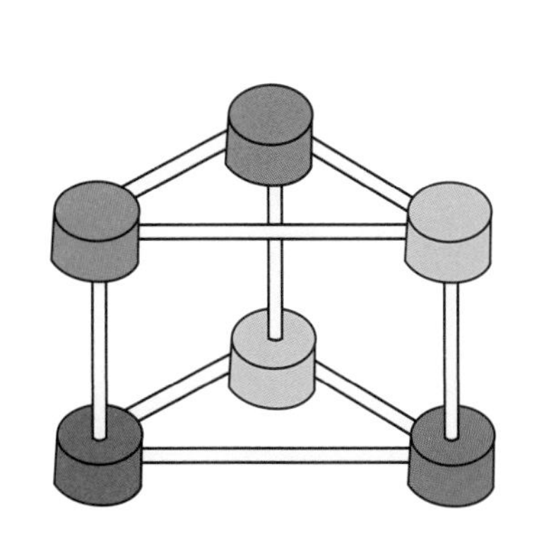

几何：学习形状

几何是对形状的研究。世界上存在很多不同的形状，它可以是具有长和宽的二维的平面（像圆或正方形）；它可以是具有长、宽、高的三维的立体（像积木或球）；它可以是几条直线段相连于一个角上的形状（数学家称它们是边和顶点）；它也可以是由曲线形成的形状，我们在单元9中会学习到这些内容。一个形状可以有不同数量的边和角，或者通过曲线的重新组合而得到另一个形状，一种形状可以有不同的大小。

本单元，我们将做不同类型的形状实验。我们会学习认识并动手做不一样的形状，看看什么使得它们相同和不同，这是一个开始思考几何的极好的方法，我们会发现在日常生活中被各种几何物体所包围。

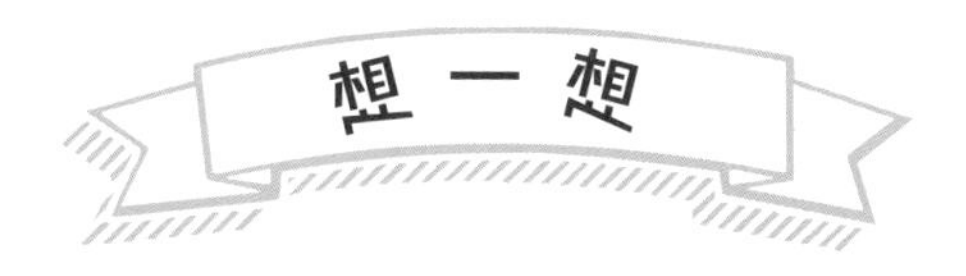

想象一个三角形，你想到的肯定是画在纸上的一个平面形状。

你能用不同的方法将三角形做成立体形状吗？

这些不同的形状看上去是怎样的？

你能想出多少种？

实验 1 棱柱

实验材料

→ 牙签
→ 橡皮软糖

数学知识

棱柱是什么？

棱柱是一种立体形状。它的上、下底是完全相同的多边形，而侧面都是长方形。

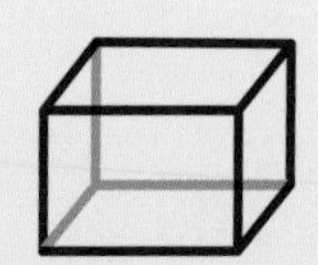
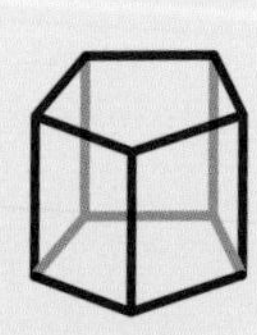

你也可以做一个斜棱柱，它的上下底还是相同的，只是它看起来斜向一边，它的侧面都是平行四边形（把长方形弄斜了）。

任何平面多边形都可以构成棱柱。在本实验中，我们将用牙签和橡皮软糖来造出三维立体的三棱柱。如果你不小心弄坏了橡皮软糖，把它吃掉就行了！

做一个三棱柱

第 1 步： 用 3 根牙签和 3 颗橡皮软糖做一个三角形。把牙签插到几乎贯穿橡皮软糖的程度，可使三角形牢固。再做一个相同的三角形。当你按正确角度插入牙签且不移动，则做成的形状更为牢固。经过练习，你会越做越好，可以把牙签插入你想要的任何角度。（图 1）

第 2 步： 把其中一个三角形放平，在每颗橡皮软糖上垂直插一根牙签。（图 2）你注意到 3 根牙签的尖在空中的形状了吗？

第 3 步： 小心地把另一个三角形放在第 2 步的 3 个牙签的尖上并按紧，就得到了一个三棱柱。（图 3）

第 4 步： 如果两个底面平行，而上底不是在下底的正上方，那么它就是一个斜棱柱。试着做一个斜三棱柱。（图 4）

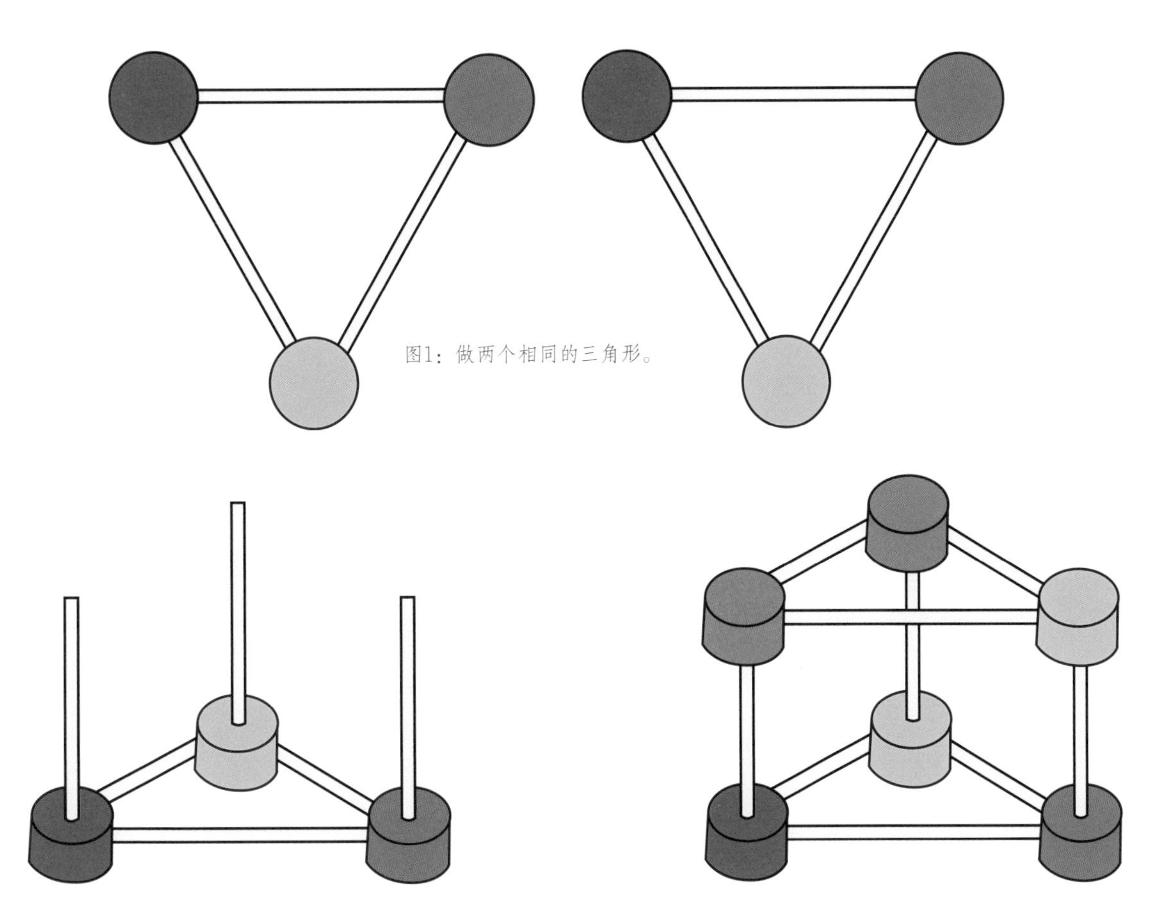

图1：做两个相同的三角形。

图2：把其中一个三角形放平，并在每颗橡皮软糖上各插入一根牙签。

图3：把另一个三角形插在牙签尖上做成一个三棱柱。

试一试！

你能分别以四边形、五边形和五角星形为底面做出棱柱吗？

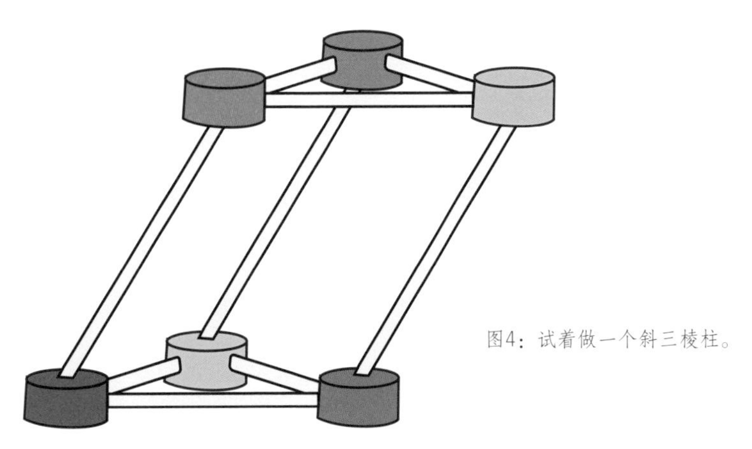

图4：试着做一个斜三棱柱。

实验 2

棱锥

实验材料

- 牙签
- 橡皮软糖
- 超长的牙签（或串肉杆、干的长意大利面条）

数学知识

棱锥是什么?

埃及的金字塔是棱锥中的一种，还有许多其他的棱锥。棱锥是一种多面体，有一个底面和一个顶点，以底面的边数来命名。除了底面外的所有面必须是三角形，而底面可以是任何多边形。如果棱锥的顶点正好位于正多边形底面的中心的正上方，那么称这个棱锥是正棱锥，否则称为斜棱锥。

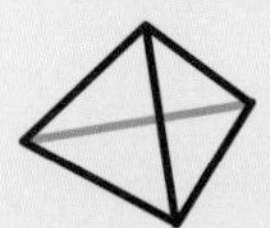

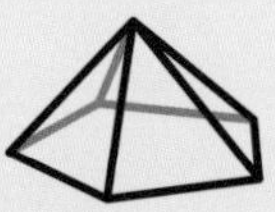

以上三个都是棱锥，右边是一个斜棱锥。

把橡皮软糖和牙签做成各种形状和大小的棱锥吧!

做一个棱锥

第1步： 用牙签和橡皮软糖做一个正方形。（图1）

第2步： 在每颗橡皮软糖上插上一根牙签，使4根牙签以某个角度会合在一起。（图2）

第3步： 用一块橡皮软糖把4个牙签尖连接起来。这就是一个正四棱锥，类似于埃及的金字塔的形状（图3）。

第4步： 现在你知道怎么做棱锥了。试着用更多的不同底面来做棱锥，比如用三角形、五边形等（图4）。

第5步： 用任意多边形为底做一个斜棱锥。因斜棱锥上连接顶部顶点的边的长度是不同的，所以不能用普通的牙签。可以通过折断串肉杆或面条来得到所需的长度。（图5）

试一试!

你能用一个五角星为底做一个棱锥吗？你还能用其他什么形状为底做棱锥吗？你能想出有什么形状不能作为棱锥的底？

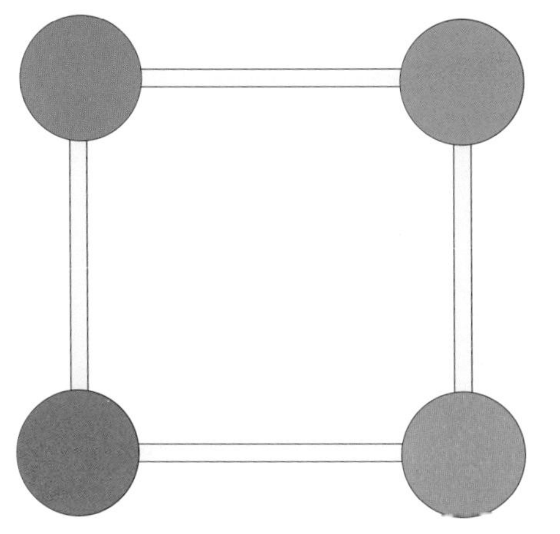

图1：用牙签和橡皮软糖做一个正方形。

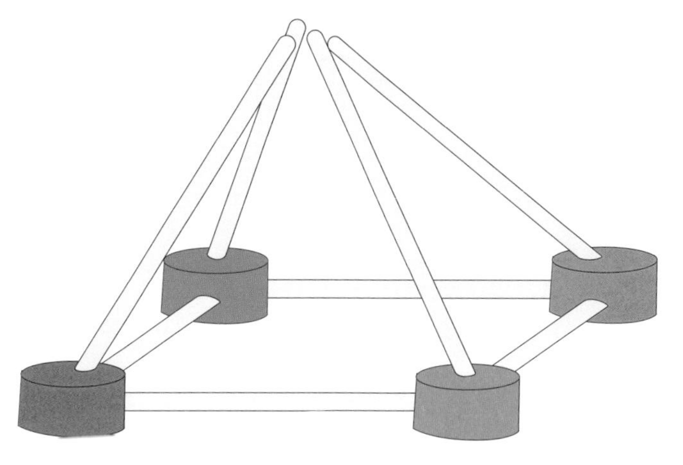

图2：在每颗橡皮软糖上插入一根牙签，使牙签的顶部会合。

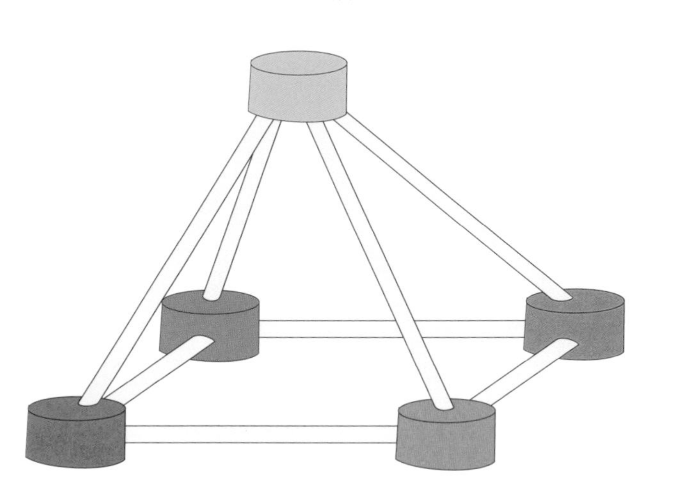

图3：用一颗橡皮软糖连接4个牙签尖。

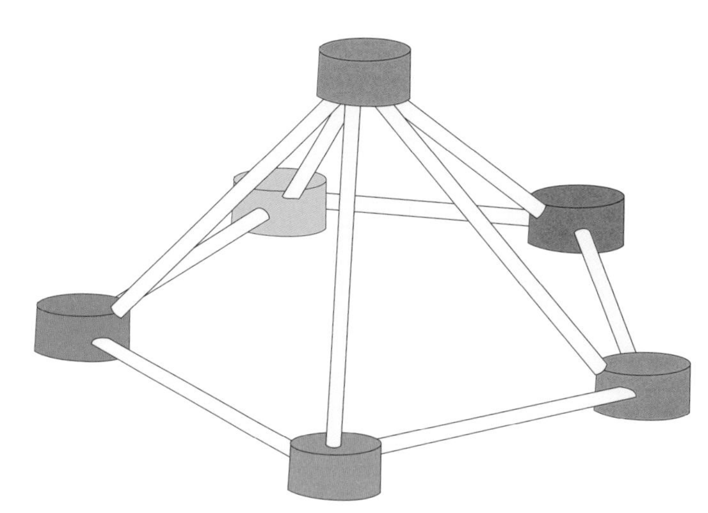

图4：试着做一个不同底面的棱锥。

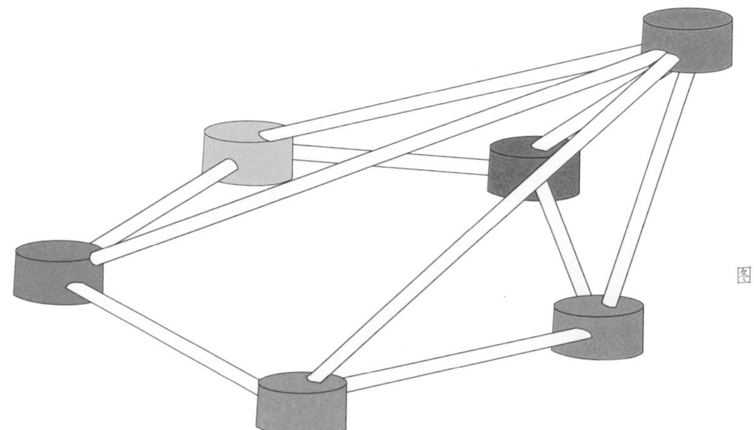

图5：以任意形状为底，做一个斜棱锥。

实验
3

反棱柱

棱柱具有平行且相同的上底和下底，两底之间用平行四边形连接。反棱柱也具有平行且相同的上底和下底，但两底之间却用三角形连接。

实验材料

→ 牙签
→ 橡皮软糖

数学知识

反棱柱是什么?

反棱柱的上、下底是平行且相同的多边形，它们之间由一系列交替的上下颠倒的三角形连接。从上往下看，两个底并不重叠，而是转过了一个角度，且上底的各端点位于下底各边的中垂线上。

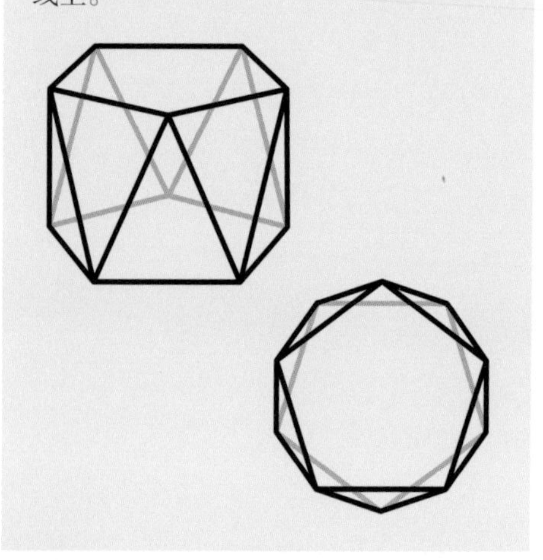

做一个反棱柱

第 1 步： 用牙签和橡皮软糖做出 2 个正方形。（图 1）

第 2 步： 把一个正方形以逆时针方向转动 45° 放在另一个正方形上。（图 2）

第 3 步： 把位于上面的正方形的一个角和位于下面的正方形对应的一条边上的两个端点用 2 根牙签连成三角形。（图 3）

第 4 步： 继续用牙签将上、下正方形的对应角及边的端点连成三角形。（图 4）

第 5 步： 完成连接两个底面的一系列三角形时，就做好了一个反棱锥。它具有两个相同的底面，侧面都是三角形。它看起来像一个扭转的棱柱。（图 5）

第 6 步： 试着做一个五角反棱柱和一个三角反棱柱。（图 6）做三角反棱柱有点难度，是一个挑战。留着这两个反棱柱，在实验 4 中还会用到它们。

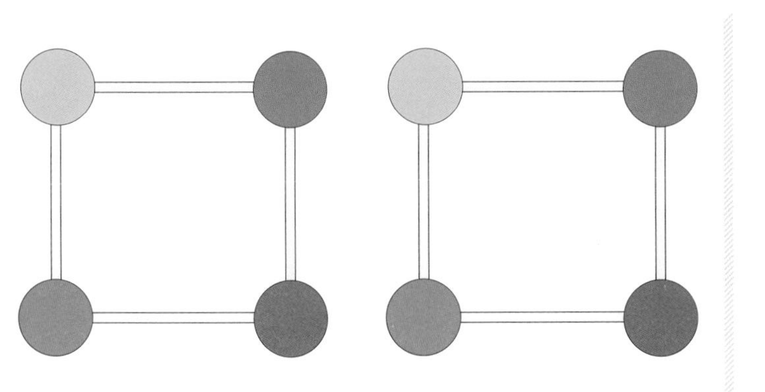

图1：用牙签和橡皮软糖做2个相同的正方形。

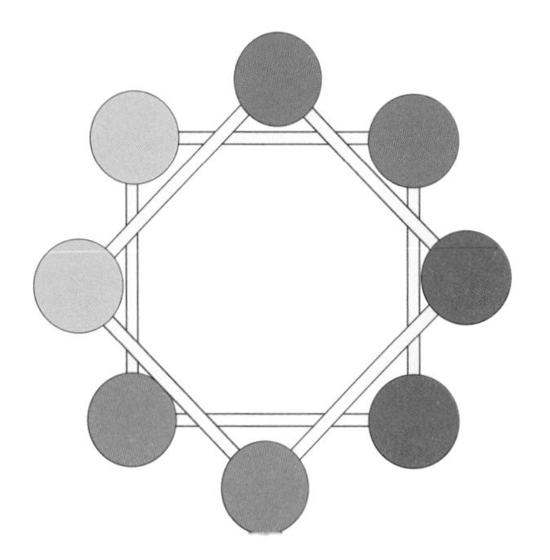

图2：把一个正方形放在另一个的上面，转动一定角度。

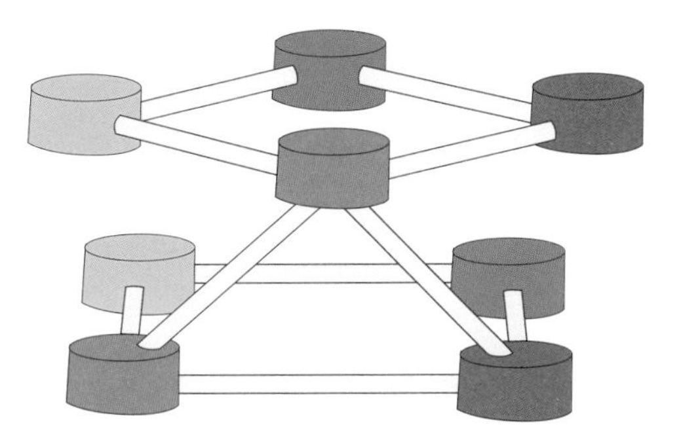

图3：用2根牙签将上正方形的一角和下正方形的一条边的两端点连成三角形。

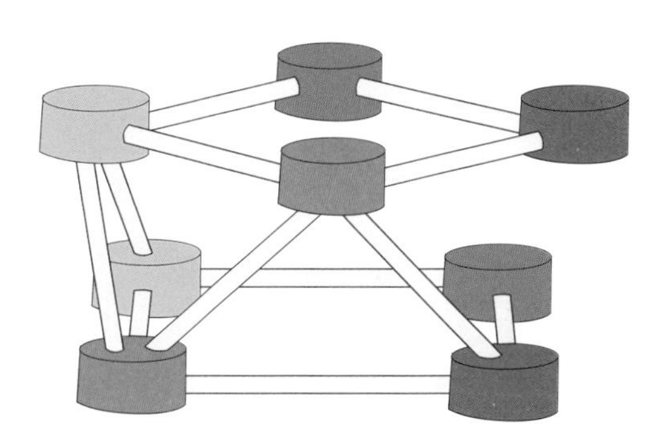

图4：继续将上、下正方形的对应角和边的端点连成三角形。

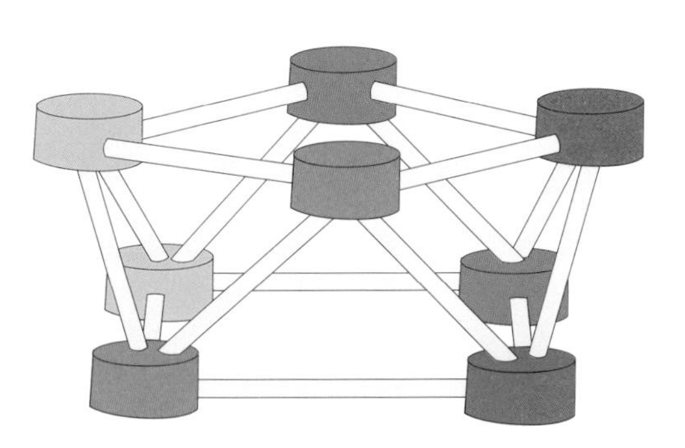

图5：一个反棱柱做成了。

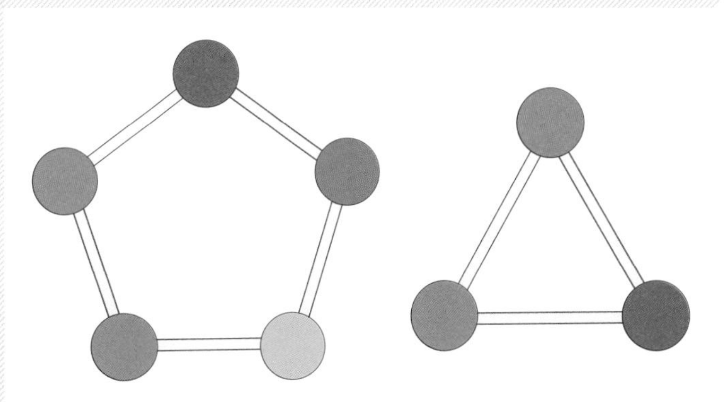

图6：用五角形做一个五角反棱柱，用三角形做一个三角反棱柱，为实验4做准备。

实验 4 正多面体

实验材料

→ 牙签
→ 橡皮软糖

数学知识

正多面体是什么?

正多面体是服从以下规则的立体形状：

1. 每个面的形状完全相同。
2. 从每个顶点出发有完全相同数量的边。
3. 每条边的长度完全相等。

只有五种正多面体：正四面体、立方体、正八面体、正十二面体及正二十面体。约公元前350年，古希腊哲学家柏拉图（Plato）描述了正多面体，故正多面体也称为柏拉图立体。

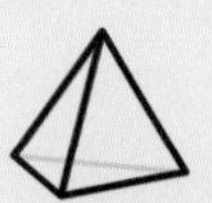
正四面体

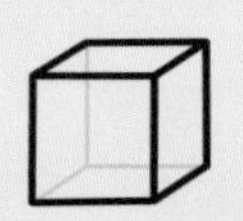
立方体

正八面体

正十二面体　正二十面体

任何多边形都可以做成一个棱柱或棱锥，但只有五种正多面体。

活动 1：做一个正四面体

第1步：用牙签和橡皮软糖做一个三角形。（图1）

第2步：在每颗橡皮软糖上插上一根牙签，3根牙签朝上集中到一个中心点。再用一颗橡皮软糖把它们连接起来。（图2）

第3步：确保所有的面都有相同的形状。数一下每颗橡皮软糖上连接的牙签数量。每个顶点（角）应当与相同数量的牙签相连。

这是一个正四面体！另外，这也是本单元中其他实验提到的某种形状的一个例子。这种形状也可以称为什么？

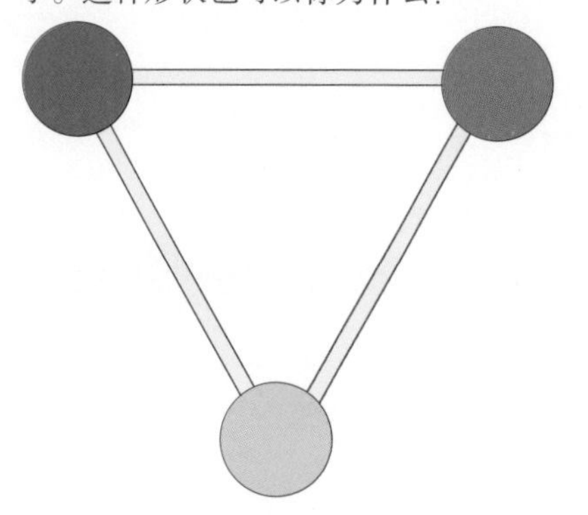
图1：用牙签和橡皮软糖做一个三角形。

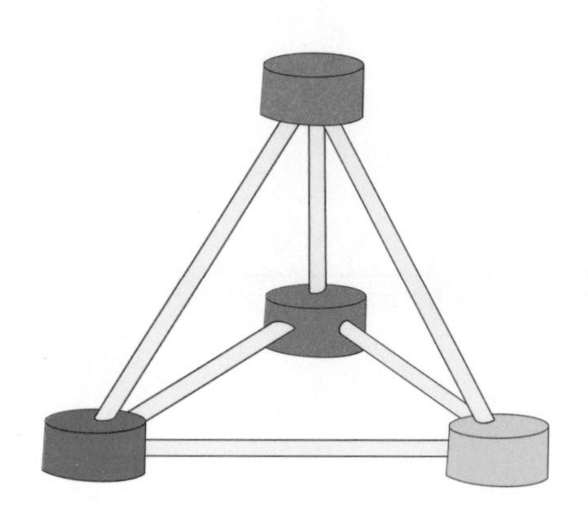
图2：用橡皮软糖做顶点。

活动 2：做一个立方体

第 1 步：用牙签和橡皮软糖做一个正方形。（图 1）

第 2 步：在每颗橡皮软糖上垂直向上插一根牙签，并在牙签的另一个尖上插一颗橡皮软糖。（图 2）

第 3 步：用牙签连接位于上层的橡皮软糖。（图 3）

这是一个立方体！除了是一个正多面体外，立方体也是本章中其他实验提到的某种形状的一个例子。这种形状也称为什么？

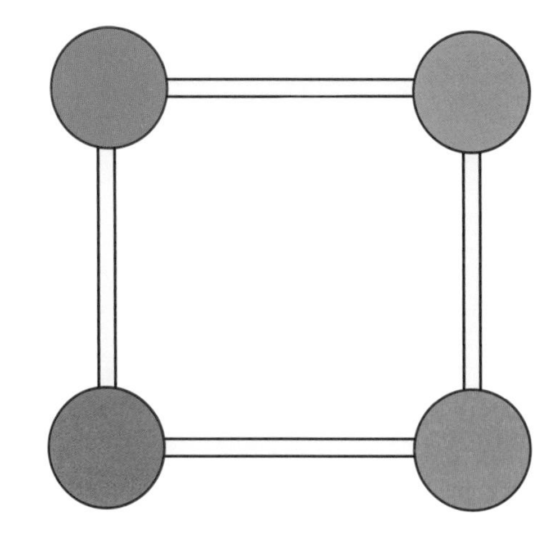

图1：用牙签和橡皮软糖做一个正方形。

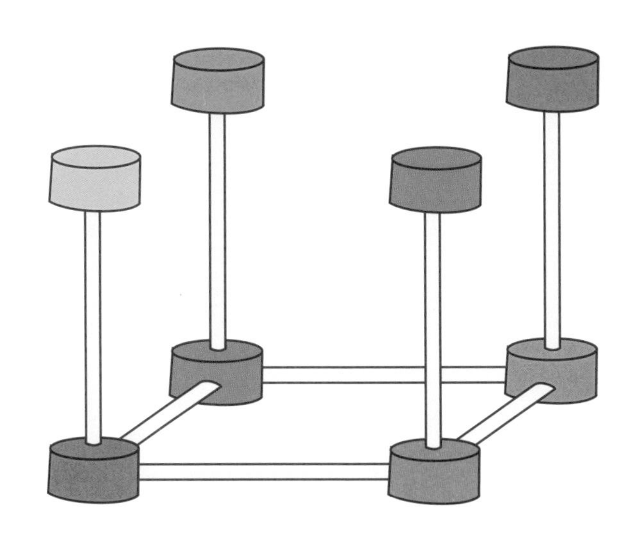

图2：在每颗橡皮软糖上插一根牙签，并在牙签的另一个尖上插一颗橡皮软糖。

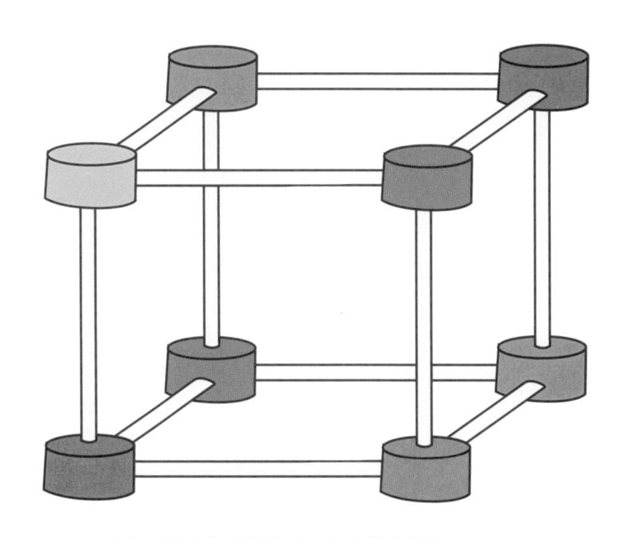

图3：用牙签连接位于上层的橡皮软糖。

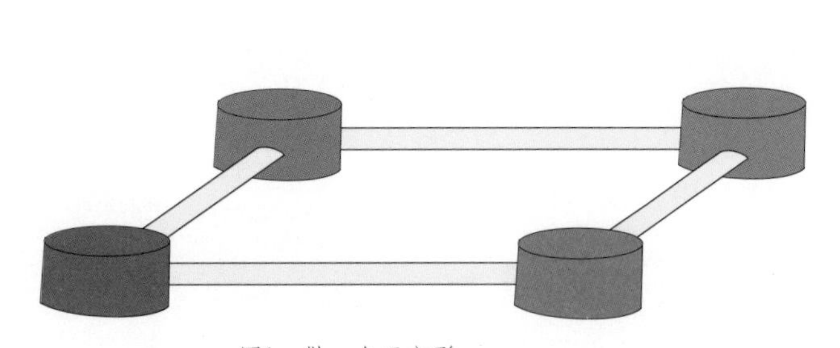

图1：做一个正方形。

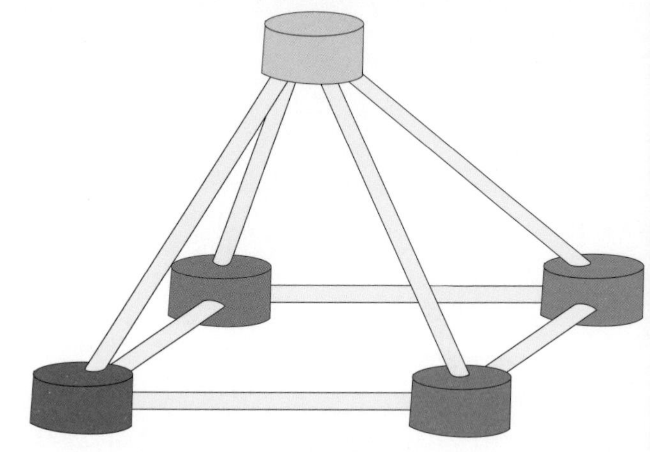

图2：做一个正四棱锥。

活动 3：做一个正八面体

第 1 步：用牙签和橡皮软糖做一个正方形。（图 1）

第 2 步：在正方形的每个角上插一根牙签，对准角度使 4 根牙签交汇在一点。用一颗橡皮软糖把 4 根牙签连接起来形成一个四棱锥。（图 2）

第 3 步：把四棱锥倒过来，朝另一方向做另一个四棱锥。（图 3）

这是一个正八面体！像正四面体一样，所有的面都是三角形。你能找出正八面体和正四面体有哪几个不同点吗？

将你做的正八面体与实验3的三角反棱柱作比较，你有什么发现？

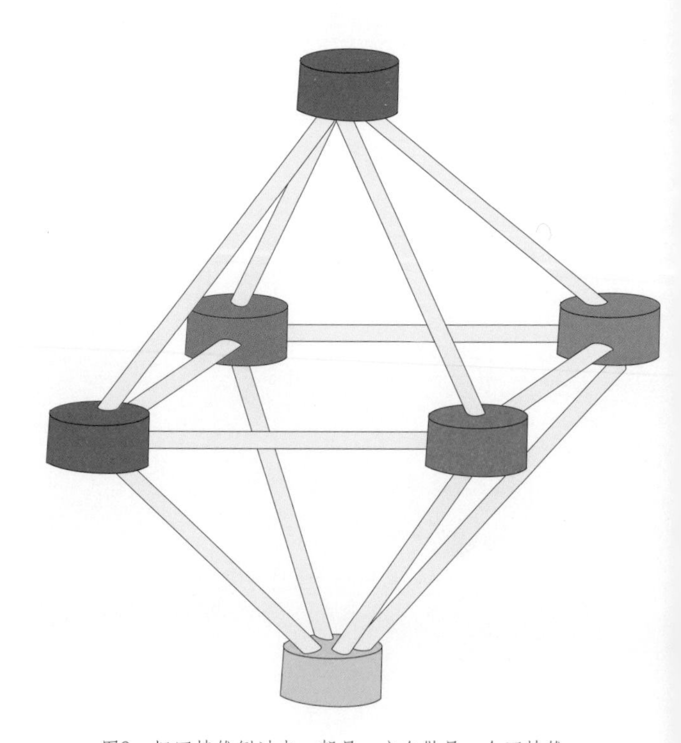

图3：把四棱锥倒过来，朝另一方向做另一个四棱锥。

活动 4：挑战！做一个正十二面体

正十二面体有十二个面，它们都是五角形（五边形）。这是最难做的也是最有趣的正多面体。不要期望第一次就能做出一个好看的正十二面体，多做练习才能做得更好。

第 1 步： 用牙签和橡皮软糖做一个五角形，样子如图 1。

第 2 步： 在第一个五角形的结构上，做第二个五角形。一个比较好的方法是把第 1 步做好的五角形以一定角度放置。（图 1）再以第一个五角形的一条边为基点，确定第二个五角形的牙签和橡皮软糖的位置。（图 2）

第 3 步： 在做好第二步的基础之上再做第三个五角形。（图 3）继续用两个模板来确定加牙签的方向。

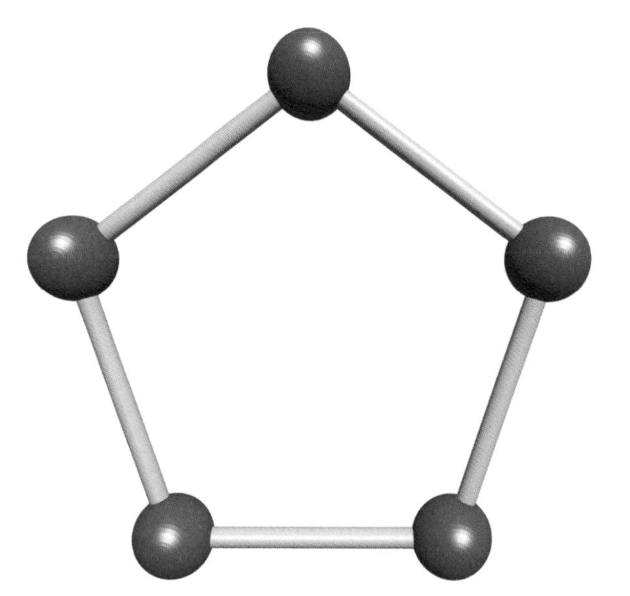

图1：用牙签和橡皮软糖做一个五角形。

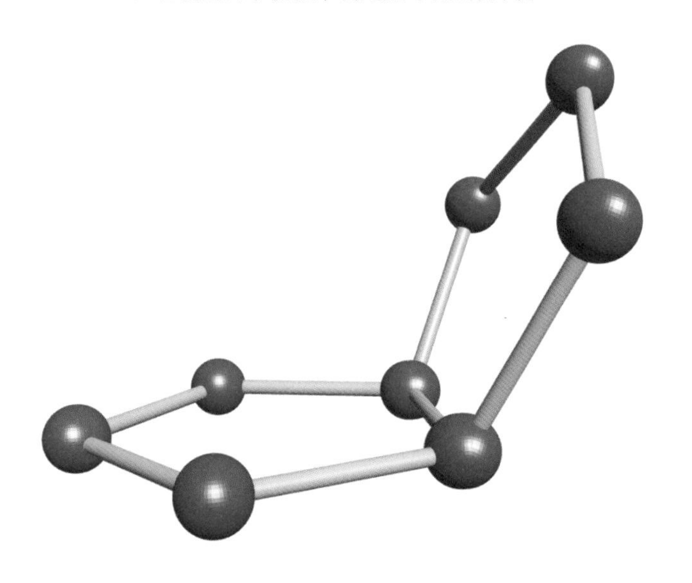

图2：在第一个五角形上做第二个五角形。

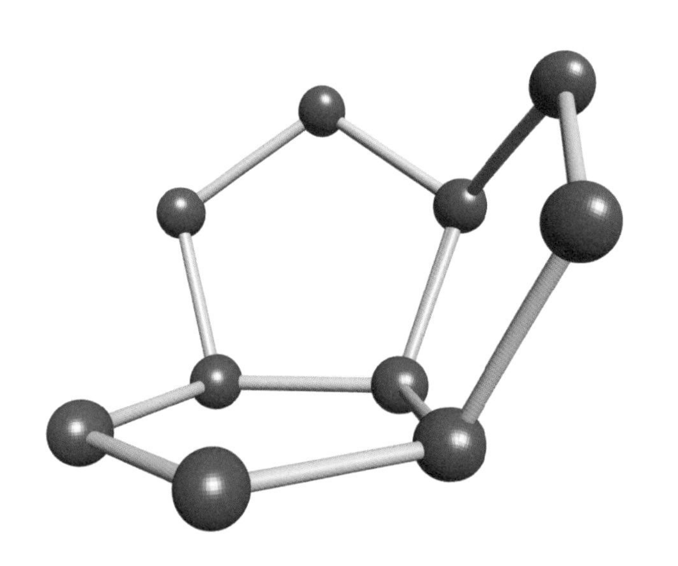

图3：加上第三个五角形。

做一个正十二面体（续）

第 4 步： 你已经在第一个五角形的两个边上加了五角形。

像第 3 步那样，继续在第一个五角形的其余边上加上五角形，直到加够五个五角形，形成一个碗状结构。（图 4）这是正十二面体的一半，你已经完工过半了！

第 5 步： 在碗状结构的最高的五个点上加上 5 根牙签作为边，试着让它们向里稍作倾斜。（图 5）倾斜的方向可以按第 3 步指出的方法来确定。

第 6 步： 用牙签和橡皮软糖再做一个五角形，把它接在已接好牙签的碗状结构上。（图 6）

祝贺你做成了一个正十二面体！

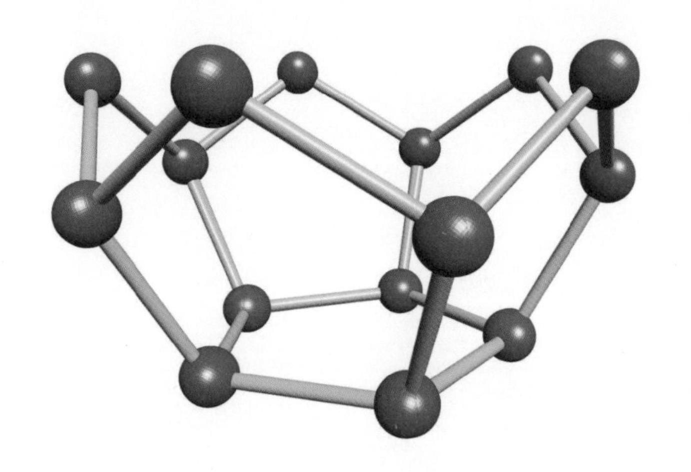

图4：像第3步那样，继续在第一个五角形的其余边上加上五角形，直到你得到一个碗状结构。

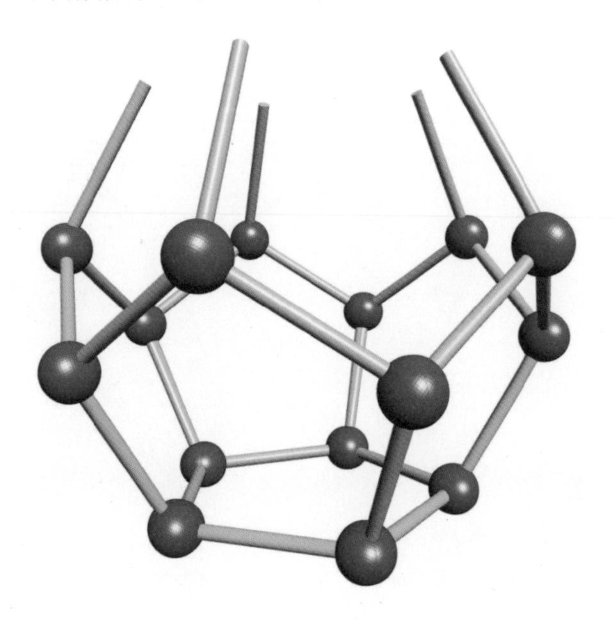

图5：在碗状结构的五个最高点上加上5根牙签。

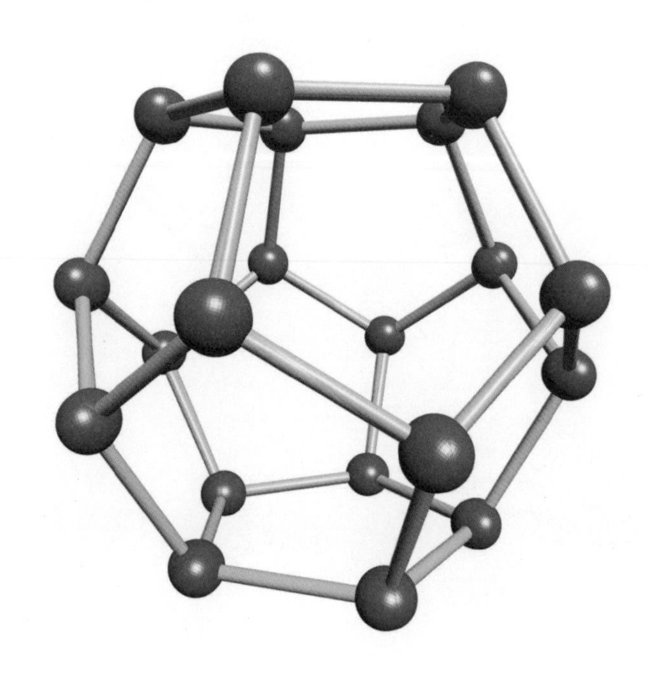

图6：把一个五边形连接在碗状结构的顶部。

活动 5：挑战！做一个正二十面体

最后要做的正多面体是正二十面体。它的二十个面都是三角形。要做它，先要做一个五角反棱柱，正如你在实验3的第6步得到的那样。（图1）这是正二十面体的中心部分。接着，在它的上面加上一个五棱锥。（图2）然后把它上下翻转，在另一面上再加一个五棱锥。（图3）

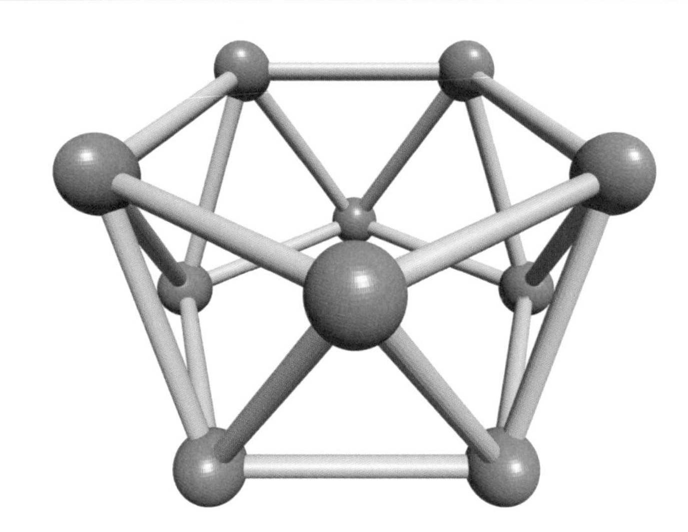

图1：做一个五角反棱柱。

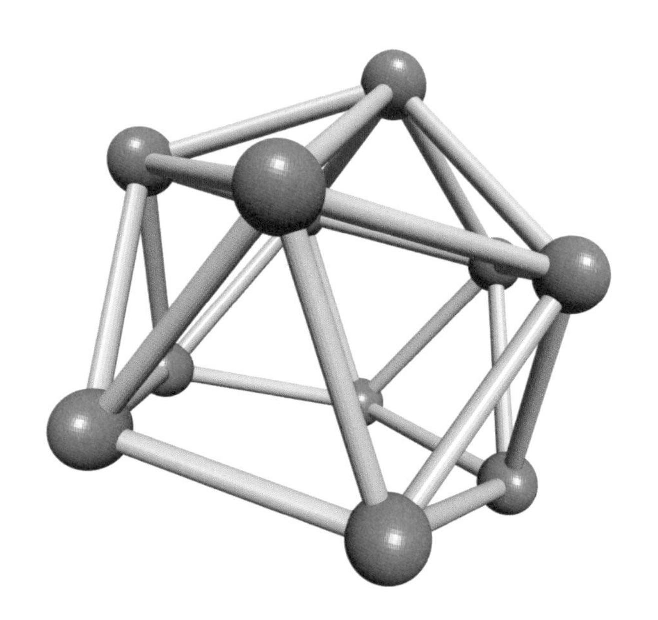

图2：在上面加一个五棱锥。

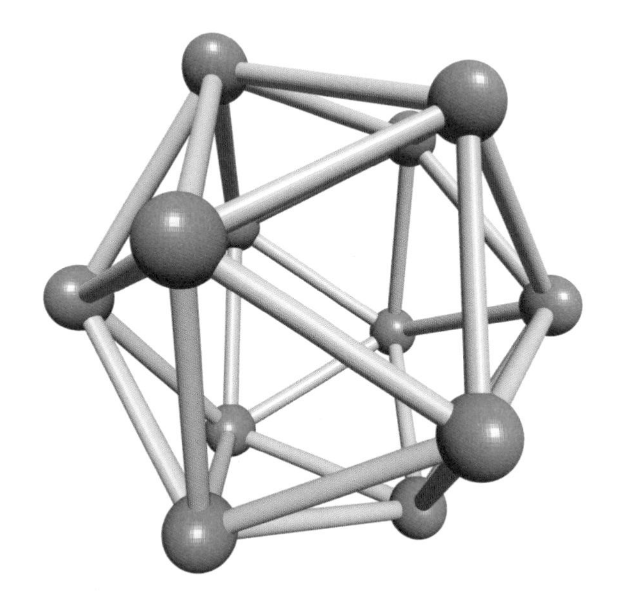

图3：把它上下翻转，在另一面上再加一个五棱锥。

实验 5

完美的圆

徒手很难画出完美的形状，因此人们学会了求助于工具。用线、胶带和铅笔，我们能画出一个完美的圆！

实验材料

→ 粗线（约 25 厘米长）
→ 剪刀（剪线用）
→ 铅笔（或记号笔）
→ 纸
→ 胶带

数学知识

圆是什么?

圆是在一个平面上与一点相距一特定距离（半径）的所有点的集合。在本实验中，线（的长度）是半径，以绕着中心点移动的方式来画出圆的所有部分。

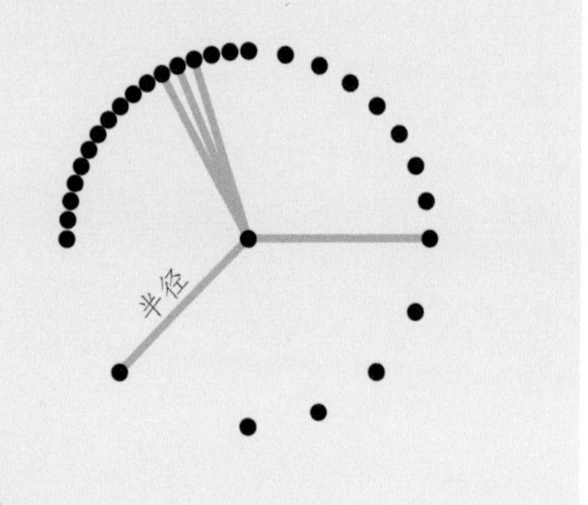

画一个圆

第 1 步： 用线在铅笔上打一个松松的环，使得线可以在铅笔上滑动，铅笔也可以自由转动。画的时候，只让笔尖落在线环内。（图 1）

第 2 步： 在纸的中心做记号，把线的另一头用胶带固定在那点上，胶带的边与线呈垂直。（图 2）

第 3 步： 让铅笔尽可能远离中心点，使线保持绷紧。用铅笔在纸上画圆。如果痕迹画出了纸的范围，把线弄短些。(图 3）

第 4 步： 通过改变线的长度来画不同大小的圆。按下页的提示来练习，直到每次都能画出完美的圆。可以试着用不同颜色的记号笔来画出一系列彩虹色的圆。

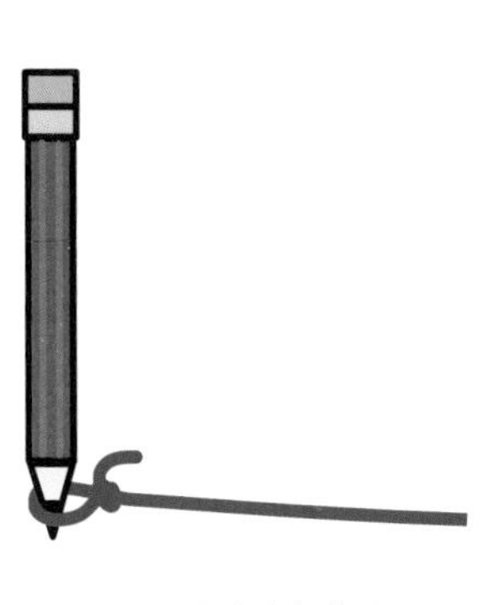

图1：把线系在铅笔上。

图2：把线的另一头用胶带粘在纸的中心。

图3：画一个圆。

如何画出完美的圆？

- 如线环从笔尖脱出，请换成粗些的线。笔尖应当落在由线的一端制成的小环中，用铅笔将线拉直。如果用的是比较细的线，可以把它粘在靠近笔尖处加以固定。
- 尽可能保持铅笔上下垂直。笔越垂直圆画得越精确。
- 确保贴在中心点的胶带是牢固的，拉线时不要太用力。要使中心点在整个画圆的过程中保持不变，可以用手指按住胶带加以固定。
- 如果想要在不同位置画不止一个相同大小的圆，可以更改中心点的位置，把线的一端重新粘贴在想画圆的中心处。
- 先画一小段，不要泄气。这需要练习！

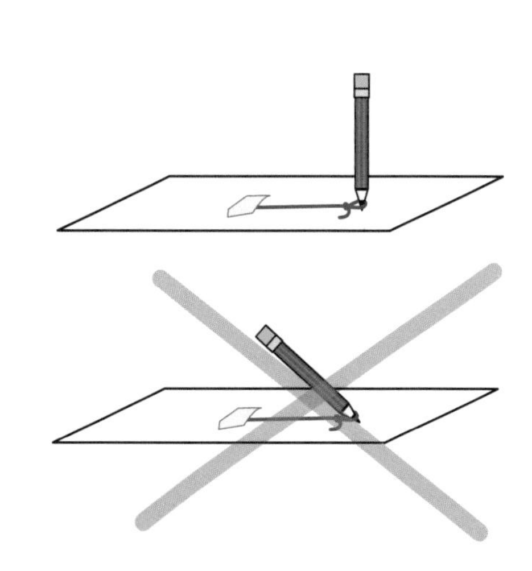

实验 6 试画三角形

用线、直尺、铅笔和一些胶带，你可以画出一个完美的等边三角形。

实验材料

- → 纸
- → 直尺
- → 铅笔（或记号笔）
- → 线（约 25 厘米长）
- → 剪刀（剪线用）
- → 胶带

数学知识

等边三角形是什么?

等边三角形是所有边长都相等的三角形。

画一个三角形

第 1 步： 用直尺画出三角形的一条边。标记边的两个端点（图 1）。

第 2 步： 如在实验 5 中画圆那样把线系在铅笔上。（图 2）如果线自实验 5 以来一直系着，维持原样即可。如果你会用圆规，可以用它代替线。

第 3 步： 在线上做标记，使标记点到铅笔的距离和第 1 步画的三角形的边长相等。（图 3）

第 4 步： 把线粘在三角形的边的一个端点上，在你认为是三角形的第三个点所在处画一段弧线。（图 4）

第 5 步： 把线粘在三角形的边的另一个端点上，在你认为是三角形的第三个点所在处画一段弧线。（图 5）

第 6 步： 两条弧线相交的点就是三角形的第三个点！用直尺把这第三个点分别与第一条边上标记的两个端点连接，完成一个三角形的绘制。（图 6）

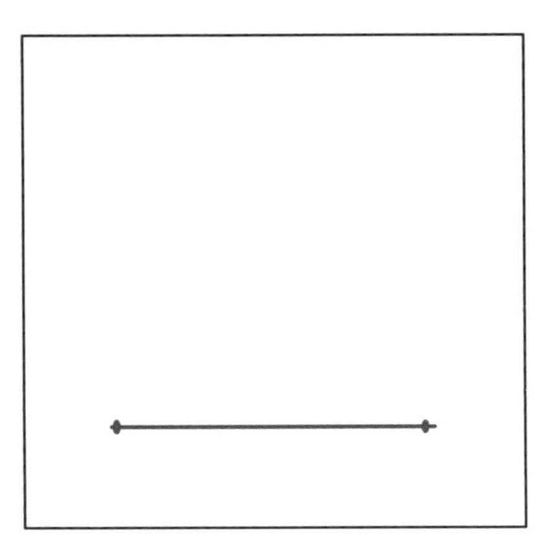

图1：画出三角形的一条边。

图2：在铅笔上系一条线。

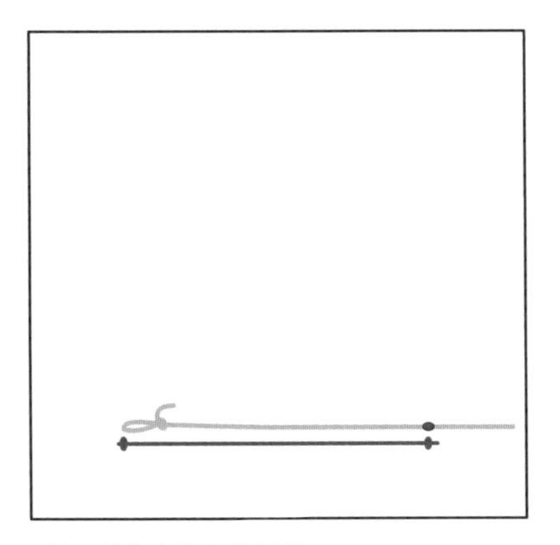

图3：用笔在线上做记号。

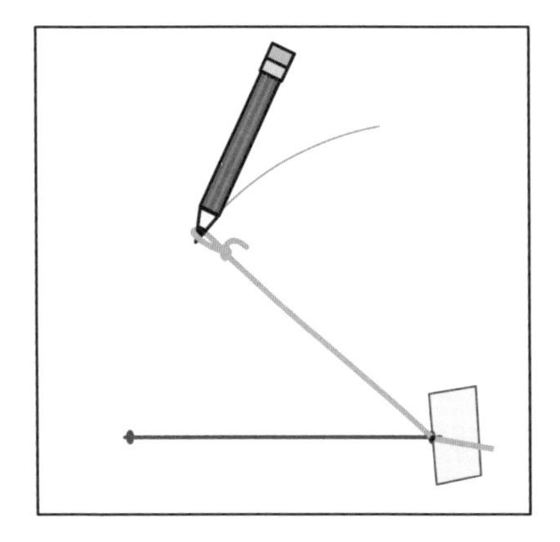

图4：把线粘在画出的边的一个端点上，画出一条弧线。

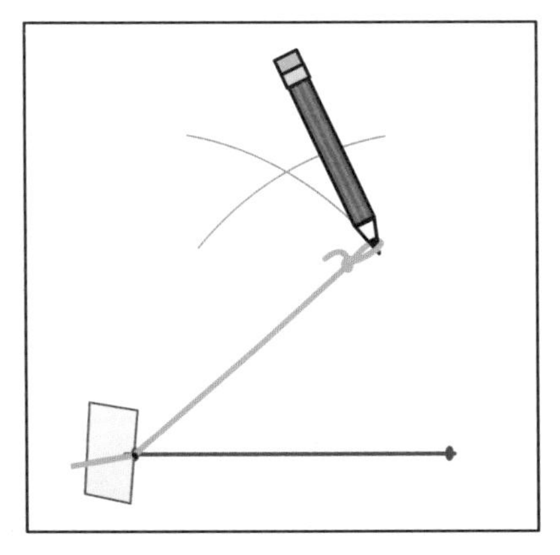

图5：把线粘在画出的边的另一个端点上，画出另一条弧线。

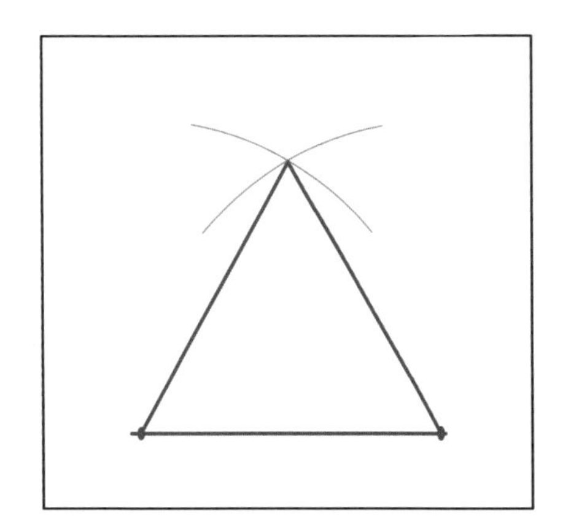

图6：将两条弧线的交点分别与第一条边的两个端点连接起来。

实验7 精确的椭圆

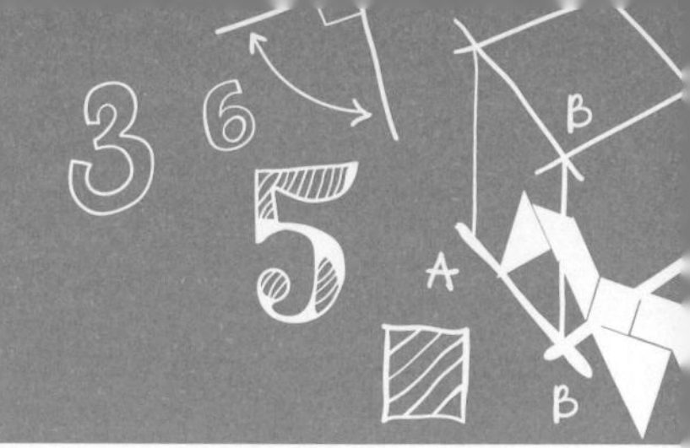

实验材料

- → 纸
- → 铅笔（或记号笔）
- → 线（约25厘米长）
- → 剪刀（剪线用）
- → 胶带

数学知识

椭圆是什么?

有一种定义椭圆的方法是：从两点（称为焦点）开始，所有到两焦点的距离之和相同的点的集合。用线固定在两焦点为1上，在作画时线的长度是不变的，画出的就是一个椭圆。

圆是一种特别的椭圆。如果画椭圆时把两个焦点叠合在一起，画出的就是圆!

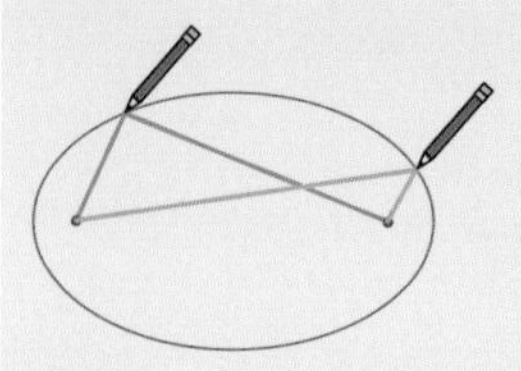

红线的总长和蓝线的总长相同。

用线和铅笔画出的特殊卵形，被称为椭圆。这比画圆具有更大的挑战性，因此要有耐心，要多试几次才能掌握窍门。

画一个椭圆

第1步： 在纸的中间标记两个相距几厘米的点，把线粘在这两点上，线保持松弛。（图1）为得到更好的效果，按图所示用胶带将线粘贴在纸上。

第2步： 画椭圆时，铅笔靠着线使之绷紧，轻轻地在纸上移动。（图2）

第3步： 当你移动铅笔画椭圆时，线可能会缠绕。如果缠绕在铅笔或胶带上，线就会变短，画出的椭圆就不精确。这时，需要从线团里取出铅笔，把线捋直后重画。可以一小段一小段地画，直至画出完整的椭圆。（图3）

第4步： 尝试改变椭圆的形状。（图4）椭圆有从很圆的到很扁的各种样式。试着让两个焦点离得更近些或更远些，再画椭圆。形状是否变得更圆或更扁？当两个焦点之间的距离和线的长度相同时又会怎样呢？

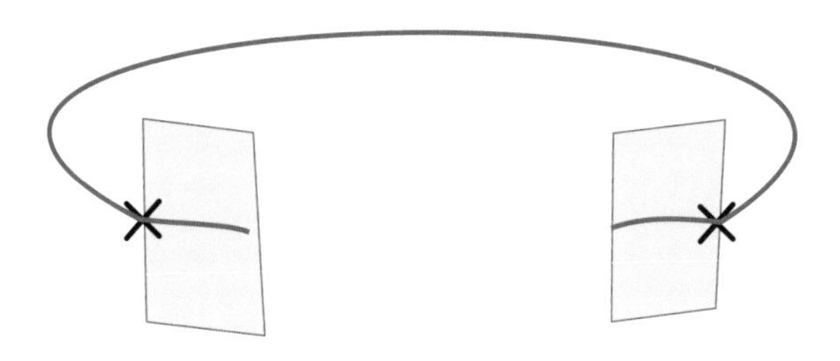

图1：在纸上相距几厘米的位置标记两个点，用胶带把线粘在这两点上。

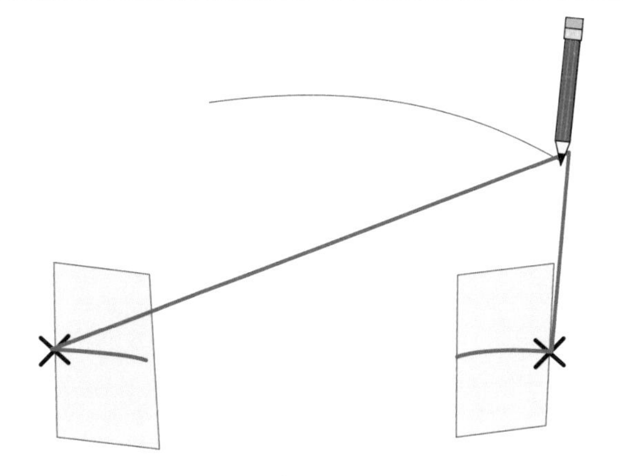

图2：用铅笔拉紧线，在线上轻轻画。

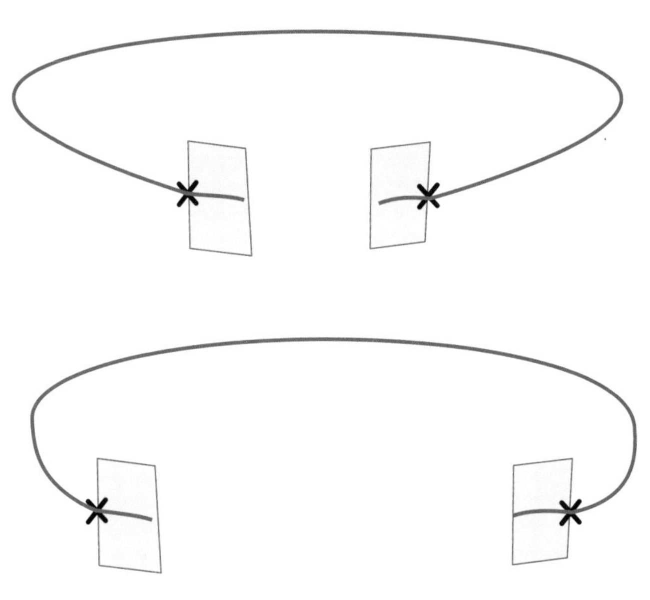

图4：通过调整两个焦点间的距离来改变椭圆的形状。

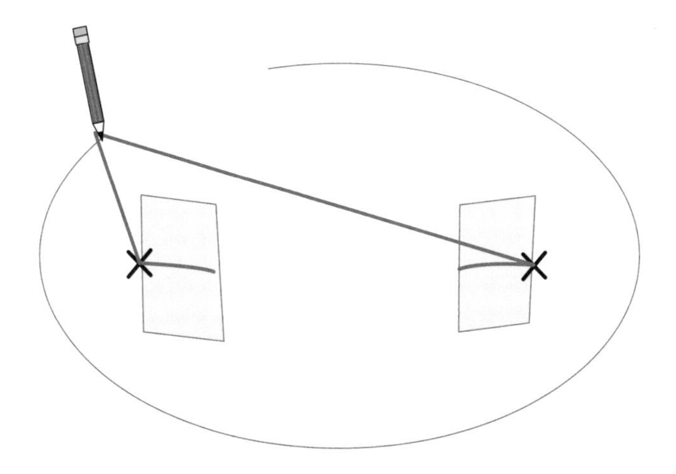

图3：一小段一小段地画，直至画出完整的椭圆。

如何画出精确的椭圆？

- 分小段画椭圆。用铅笔绷紧线，轻轻地在纸上来回移动，然后移开铅笔。继续这样画椭圆新的一段，直至画完整个形状。
- 确保焦点处的胶带粘贴牢固。
- 如果遇到线滑出铅笔的问题，可以在尽量靠近铅笔尖的位置绕上橡皮筋，使线不移位。
- 保持铅笔上下垂直不倾斜。

实验 8

画巨型圆和椭圆

实验材料

- → 粉笔
- → 3 根扫帚柄
- → 胶带（或管道胶带、大量的遮光胶带）
- → 牢固的线或绳子（画圆至少需要 92 厘米长，画椭圆至少需要 1.5 米长）
- → 剪刀（剪线用）
- → 画大圆需要 2 人，画椭圆需要 3 人

有时更大就更好！我们可以用线（以及一些朋友）和粉笔在室外画出巨大的圆和椭圆。事先要得到在人行道或私家车道上画画的许可哦！

活动 1：画一个巨型圆

第 1 步： 用胶带把粉笔绑在扫帚柄的一头做成一支巨大的“铅笔”。要确保绑得牢固！你不会想让粉笔中途脱落的。（图 1）

第 2 步： 在绳子的两头各系一个圈，圈的大小应该可能让扫帚柄和巨大的“铅笔”很容易地插进去。（图 2）

第 3 步： 用粉笔在圆心处打个叉。一人把一根扫帚柄立在圆心处，并在扫帚柄上套上绳的一个圈。（图 3）这个人的任务是保持扫帚柄始终直立在圆心上，要注意此人不能挡住绳子。

第 4 步： 另一人把绳子另一头的圈套在巨大的“铅笔”头上，然后始终拉紧绳子，绕着位于圆心的人边走边画。（图 4）要注意使绳子始终绷紧，但不要把圆心处的人拉离标记位置，同时也要避免绳子产生缠绕。

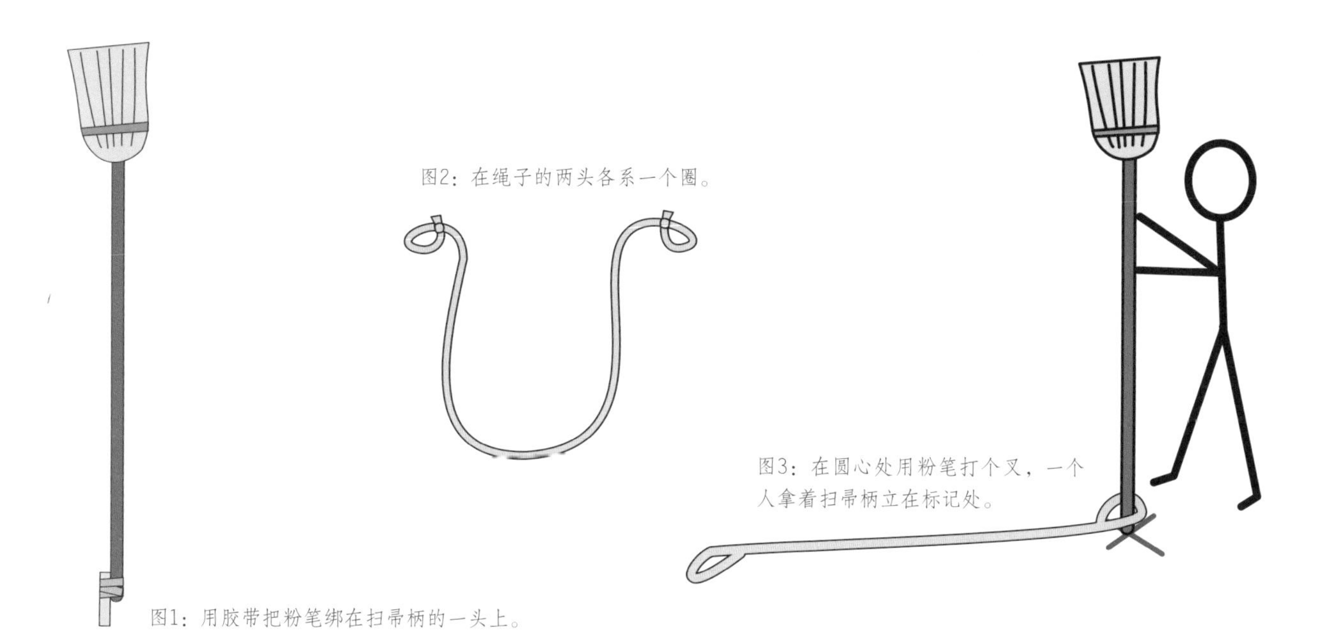

如何画出精确的巨大形状？

- 站在中心处的人要紧按扫帚柄不让其滑动。
- 画的人不要把绳子拉得太紧；猛力拉动将使中心滑动。要像一个团队一样协作完成画画。
- 尽量使扫帚柄上下垂直、不倾斜。
- 如果位于中心处扫帚柄滑动了，要将它复位后再画。标记中心点就是为了方便确定正确的位置。
- 要想成功得依靠团队协作，画出一个精确的巨型圆或椭圆是困难的。如果你们成功了，大家不妨击掌庆祝一下。

活动 2：挑战！画一个巨型的椭圆

这次的挑战更难！你们能成功吗？

第 1 步： 在地上标记两个点，点之间的距离比绳子短。

第 2 步： 在绳子的两头各系一个圈，并分别套在一根扫帚柄（不是大“铅笔”）上。需要两个人各拿着一根扫帚柄。把扫帚柄放在第 1 步画出的两个点上。（图 1）

第 3 步： 第三个人用大“铅笔”画椭圆，最好不要连着画，而是分成若干小段来画；每个人都要避免碰到绳子和扫帚柄！每次只画椭圆的一小段。（图 2）

图1：在两根扫帚柄上套上一根绳的两头绳圈，把扫帚柄分别放在第1步画的两个点上。

图2：用大“铅笔”画椭圆，每次画一小段。

拓扑：费脑筋的形状

拓扑学是研究形状的诸多方法之一。在拓扑学中，你可以用某种方式——拉伸、扩张或压缩，来改变一个形状，这并不会把它变成不同的形状。然而，拓扑学的规则指出不能在一个形状上粘上一个形状或在上面戳一个孔，如果你那样做的话，就创造了一个新形状。拓扑学家通过研究这些可变的形状来探索一个形状的其他特点，这一点在现代来讲仍然很重要。

拓扑学也研究空间以及它们之间是如何联系的。例如，你的房子占据的空间是由较小的空间（房间）以特别的方式组成的（门、门厅等）。拓扑学家研究结、迷宫以及其他许多有趣的形状。他们的发现有助于很多领域的进步，包括机器人学（航海）、计算机科学（计算机网络）、生物学（基因调控）以及化学（分子形状）。

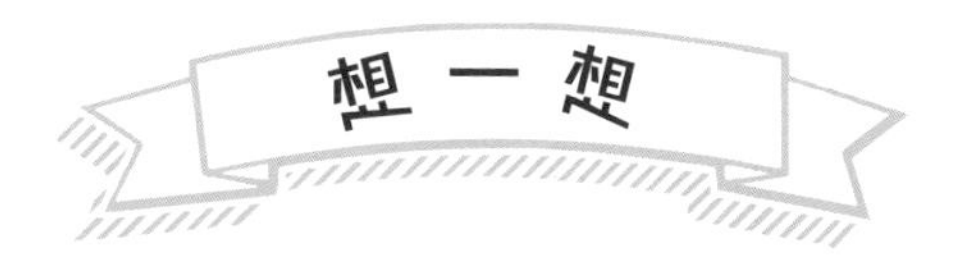

比较一个球和一本书，它们的形状在哪些方面不同？

在哪些方面相同？

实验 9 形状的比较与分类

实验材料

→ 剪刀
→ 大气球
→ 记号笔
→ 封装了满满的、松散的黏土（或橡皮泥）的塑料袋
→ 纸和铅笔
→ 球、碗、盒子、带柄的杯子、面包圈（或任何中间有孔的甜甜圈形状的物品）

数学见面会

说出那个形状的名称

拓扑学家把各种形状进行分类。以下是给你和朋友们的一个有趣的五分钟竞赛：

1. 谁能按照孔的数量来分类最多种的形状？
2. 谁能说出具有0个、1个、2个、3个、4个以及5个孔的物品，每种至少一个？
3. 谁能说出有最多孔的物品？
4. 你能说出一个你的朋友不能分类的形状吗？

把你不清楚如何分类的形状放在一起，看看能否估计出它们有多少个孔！

在拓扑学中，你可以伸展、压缩或扭曲一个形状而并不改变这形状的类型。我们将探索拓扑学中形状是如何在不改变其类型的情况下进行变换的。

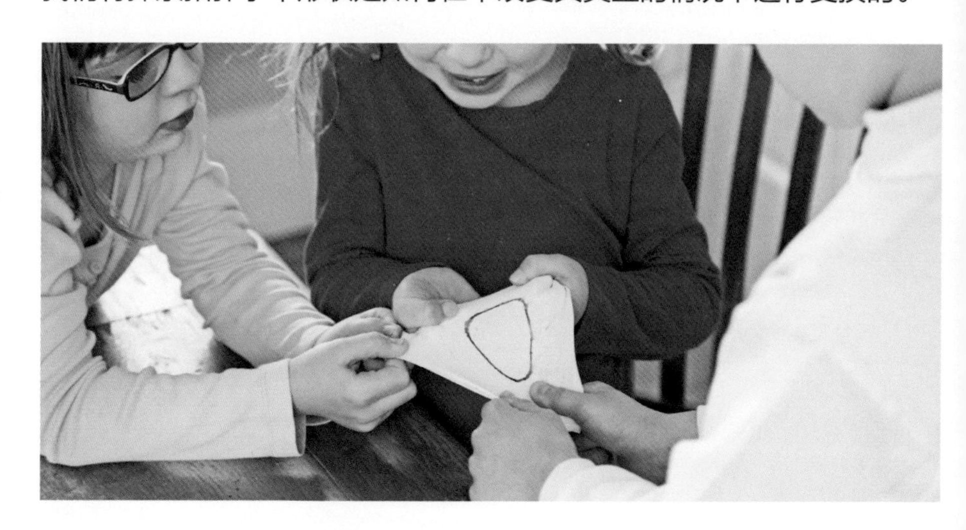

活动 1：变换一个圆

第 1 步： 把气球沿长的方向剪下一半，得到一片橡皮膜。

第 2 步： 用记号笔在橡皮膜上画个圆。（图 1）

第 3 步： 试着拉伸橡皮膜的边，使圆变换成正方形。可能你们需要不止两只手来做这事！（图 2）

第 4 步： 你能拉伸这片橡皮膜把圆变换为三角形吗？你还能把圆变换成其他什么形状吗？只要你不在这片橡皮膜上的圆上戳孔、剪裁，不把它的几部分粘在一起或在上面画另一条线，拓扑学家认为它们都是与圆相同类型的形状。

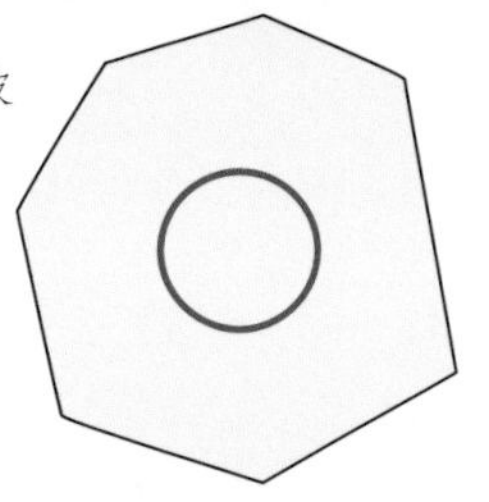

图1：在这片橡皮膜上画个圆。

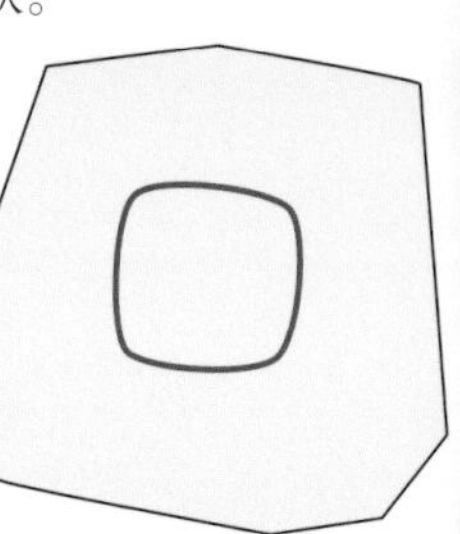

图2：拉这片橡皮膜的边，把圆变换成正方形和其他形状。

活动 2：用黏土变换

接着我们用一袋黏土来做造型。不在黏土上戳孔或把它的几部分粘起来，你能把这袋黏土变成以下哪些形状？

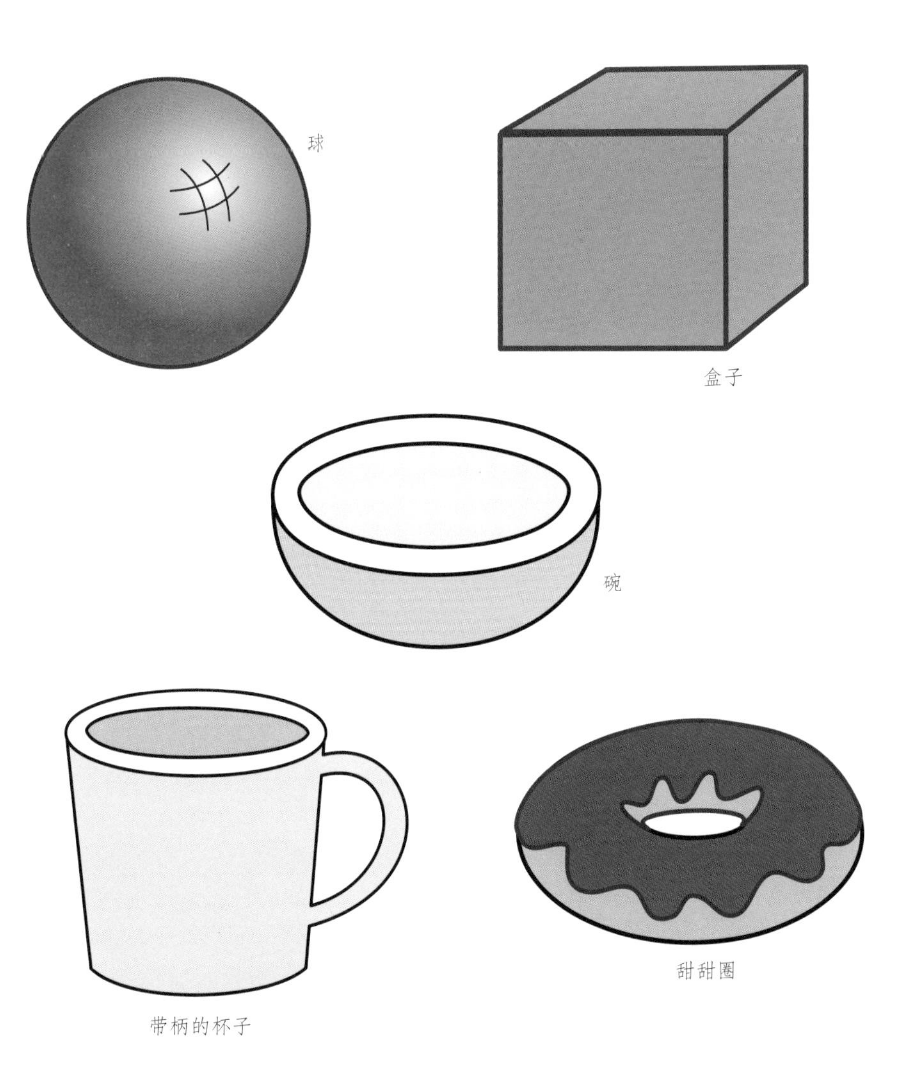

你能用黏土做出哪些形状？对于拓扑学家来说，你能做成的都是“相同的”形状，因为它们每个都没有孔。在甜甜圈和杯子上有多少个孔？

寻物游戏

拓扑学家对形状进行分类的方法之一是根据孔的数量。球有 0 个孔，甜甜圈有 1 个孔，一个双柄锅有 2 个孔。

把纸分成四个区，分别写上“0”，“1”，“2”和“多个”。在你的房子或教室里找东西，数数它们各有几个孔，把各个东西的名称填写在相应的区间上。

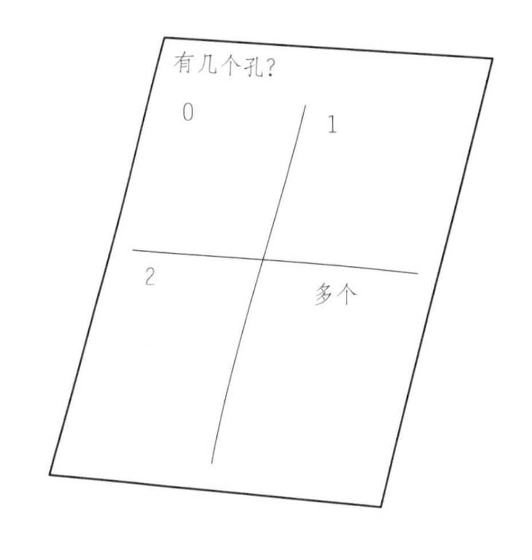

实验 10 莫比乌斯带

实验材料

→ 4 条约 5 厘米宽、56 厘米长的白纸带

注：你可以从A4纸（21厘米×29.7厘米）上剪下两条纸带，用胶带粘成一条长纸带，但要注意，胶带要粘住纸带的整个宽度。

→ 胶带

→ 记号笔（至少 2 种颜色）

→ 剪刀

数学知识

莫比乌斯带是什么?

莫比乌斯带是只有一个面及一条边的曲面。当你沿着莫比乌斯带的中心线画一条线时，你会发现该线会走到原来没扭转的纸带的两个面上，所以你画的线的长度是纸带长度的两倍!

把一张有 2 个面、4 条边的纸变成只有 1 个面和 1 条边的形状。

活动 1：做一个王冠和一个莫比乌斯带

第 1 步： 开始前检查纸带，它有 2 个面（正、反）、4 条边（上、下、左、右）。

第 2 步： 把一条纸带的两头按其宽度粘起来做成一个王冠，注意不要扭转。松松地带在头上看看是否合适。（图 1）

第 3 步： 拿另一纸带，像做王冠那样把两头并在一起，但要把其中一头上下扭转后按整个宽度粘起来，这就做成了一个莫比乌斯带。

第 4 步： 在你做的王冠上用记号笔小心地沿纸带中心画一条线直到与这线的起点相遇。用另一种颜色在王冠的内面同样画一条线（你可以轻轻地把王冠的内面翻到外面来，这样就容易画了）。你会注意到王冠有两个“面”，一个内面一个外面，上面标有两种不同颜色的线。

第 5 步： 数一下王冠有几条边。它是否和做成它的纸带的边数相同？不！纸带有 4 条边，而王冠只有 2 条。

第 6 步： 在莫比乌斯带上，仔细地沿着纸带的中心画一条线，直到与这条线的起点相遇。（图 4）

第 7 步： 对于莫比乌斯带，你注意到什么了吗？它有几个面？算算它有几条边。它应该有一个面和一条边——这就是莫比乌斯带的特征。你能想出其他只有一个面的形状吗？

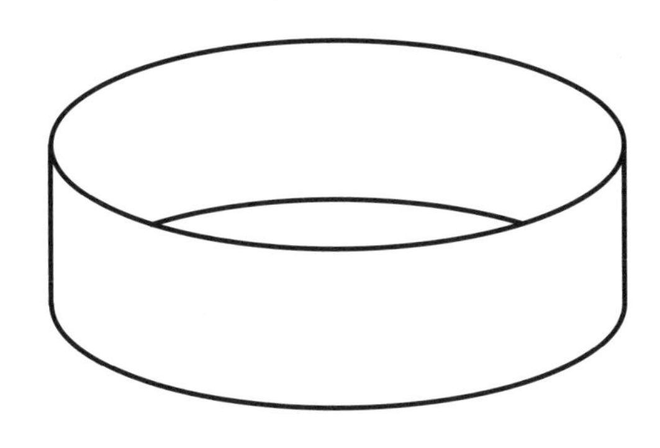

图1：把一条纸带的两头粘在一起做成一顶王冠。

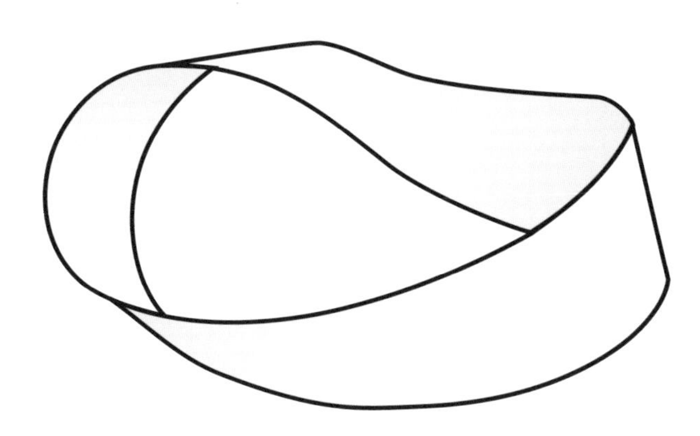

图2：把另一条纸带的一头扭转半圈粘在这条纸带另一头上做成一个莫比乌斯带。

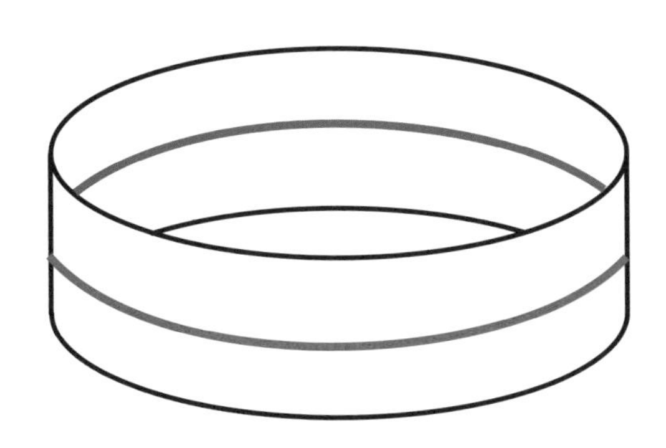

图3：沿王冠外侧面的中线画一圈红线，再沿内侧面的中线画一圈蓝线。

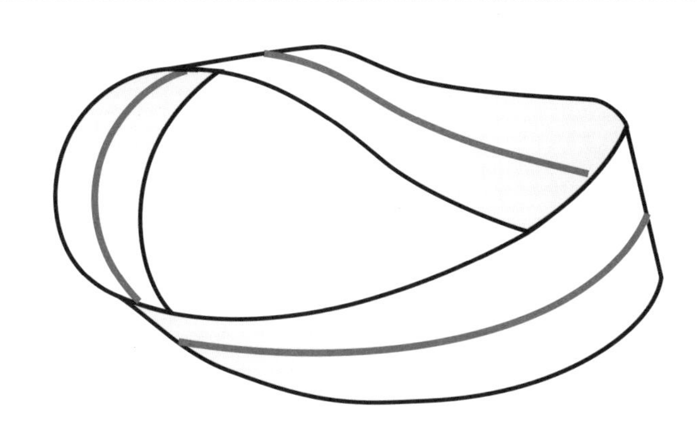

图4：沿着莫比乌斯带的中线画一圈线。

数学笑话

问：为什么小鸡能穿过莫比乌斯带？

答：因为它要到同一面去。

活动 2：剪莫比乌斯带和王冠

第 1 步： 把活动 1 的王冠沿着你画的线剪开。（图 5）结果你得到多少条纸带？和你原先想的一样吗？

第 2 步： 同样剪开莫比乌斯带。（图 6）发生了什么？和你预想的一样吗？得到的形状是莫比乌斯带吗？你能得出什么结论呢？

图5：沿王冠的中线小心地剪开。

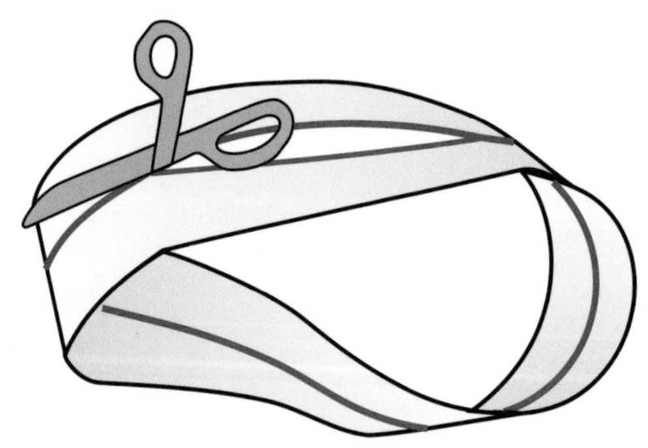

图6：同样沿中线剪开莫比乌斯带，看看发生了什么。

试一试！

对纸带的一头扭转半圈后再粘贴在另一头，得到一个莫比乌斯带。试着扭转 2 个半圈、3 个半圈以及 4 个半圈（可能需要更长的纸带）后，再粘贴在另一头做成一个环。用记号笔画线，看看这些形状是更像王冠还是更像莫比乌斯带。你看出模式了吗？试着沿中线剪开。发生什么情况了？

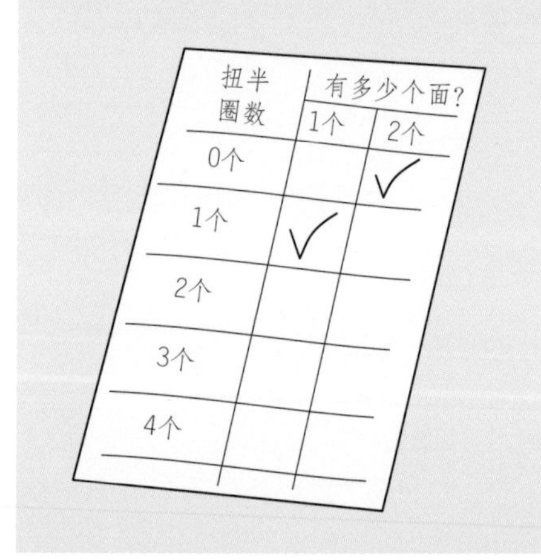

扭半圈数	有多少个面？	
	1个	2个
0个		✓
1个	✓	
2个		
3个		
4个		

完全剪开会发生什么？

当你把莫比乌斯带沿中线剪开时，得到的是一条扭转了两个圈的长带。这纸带有两个面和两条边。你所剪的线成为它的第二条边，它不再是莫比乌斯带了！

计算纸带的扭转数会令人迷惑：原来的莫比乌斯带有半个扭转；剪了之后，半个扭转分成了两个，因此总共扭转了一个完整的圈。另外，这纸带还绕着自己扭转了一圈。当你把它展开来看整个带时，你就知道第二个圈的扭转是从哪来的了。

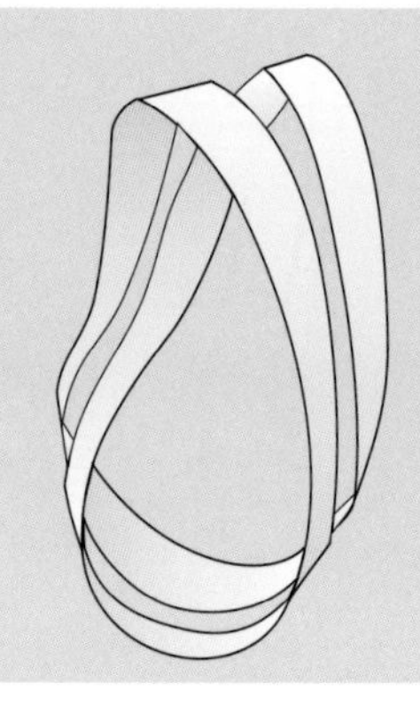

实验材料

- 2条5厘米宽、56厘米长的白纸带

  注：你可以从A4纸（21厘米×29.7厘米）上剪下两条纸带，用胶带粘成一条长纸带，但要注意，胶带要粘住纸带的整个宽度。

- 胶带
- 记号笔（至少2种颜色）
- 剪刀

活动3：三等分莫比乌斯带及王冠

第1步： 用纸带做一个新的莫比乌斯带及一顶新的王冠。

第2步： 在王冠上相距两边约$\frac{1}{3}$纸带宽处各仔细地画一条线，两条线的颜色应不同。（图1）在莫比乌斯带上同样画线。（图2）在王冠上画的线与在莫比乌斯带上画的线有什么不同？

第3步： 将王冠沿画的线剪开。（图3）结果得到什么形状？

第4步： 在你把莫比乌斯带三等分之前，猜猜剪后的形状是什么样的？有几个部分，扭转几个半圈？猜好后，沿画的线剪开莫比乌斯带。（图4）结果是什么？和你猜想的一样吗？借助记号笔去找出其中是否有莫比乌斯带。

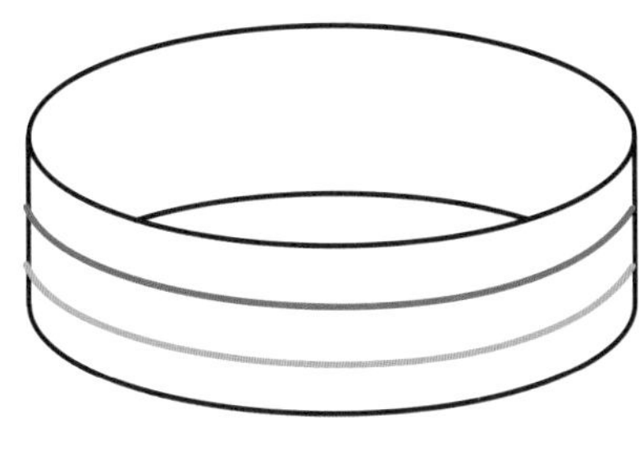

图1：在王冠上距两边约$\frac{1}{3}$宽度处各画一条线，两线不同色。

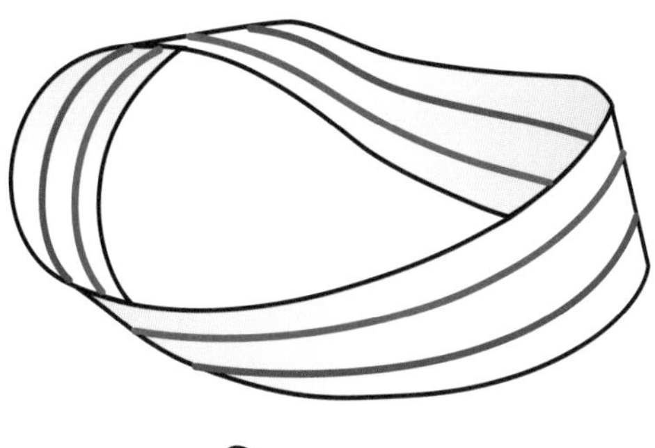

图2：在莫比乌斯带上画上同样的两条线。

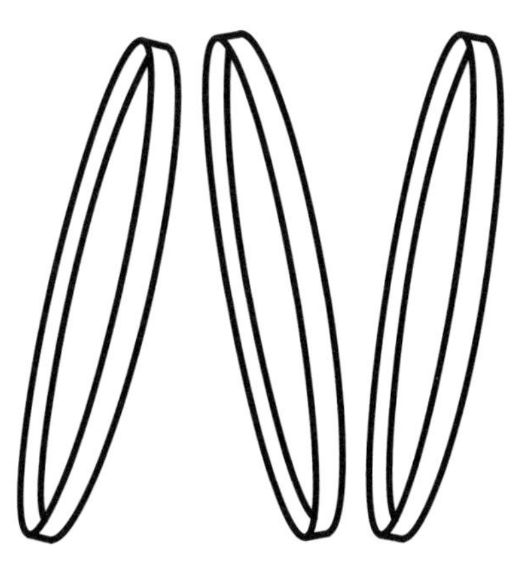

图3：沿你画的两条线剪开纸王冠。

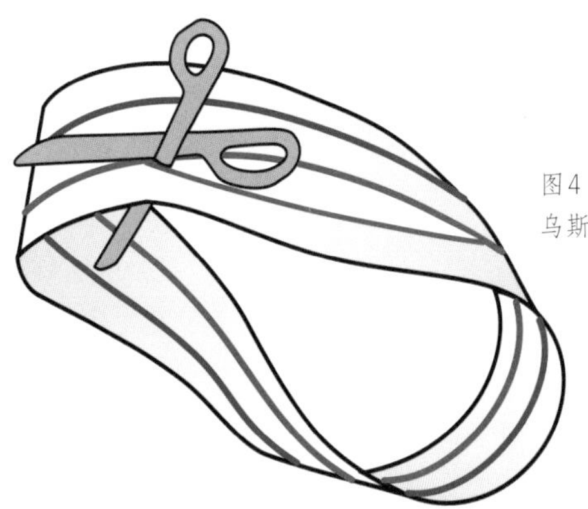

图4：沿你画的线将莫比乌斯带剪成三等分。

实验 11 莫比乌斯魔术

实验材料

→ A4 纸（21 厘米 ×29.7 厘米）
→ 记号笔（2 种颜色）
→ 胶带
→ 剪刀

马丁 · 加德纳（Martin Gardner），一位以向公众介绍有趣的数学挑战而闻名的数学家，他用莫比乌斯带创造了一项有趣的魔术。你也来试一试吧！

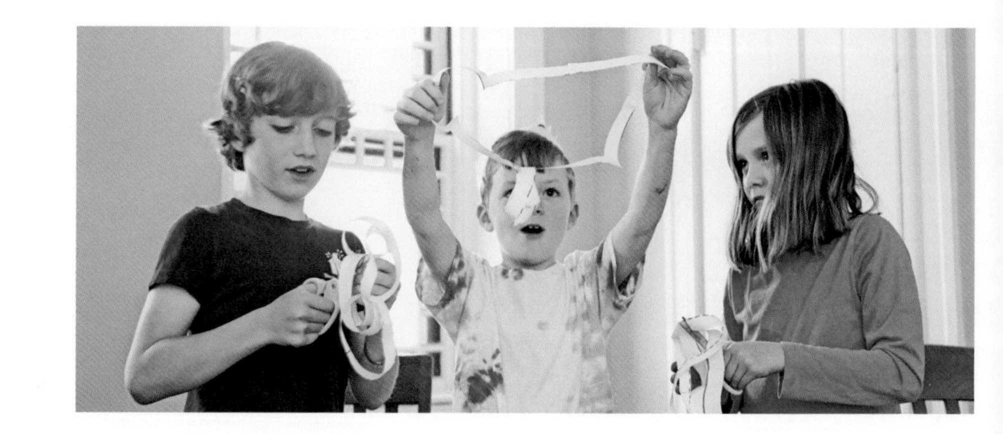

试做莫比乌斯魔术

第 1 步： 在一张白纸上画一个粗粗的十字，并把它剪下。在短条中央画一条实线。在长条上画两条虚线将长条三等分。在十字的反面，同样画这些线。（图 1）

第 2 步： 把画有实线的短条的两端向上翻起，粘在一起形成一个环。确保胶带粘住全部接口，避免脱开。（图 2）

第 3 步： 把长条的两端在环的另一面粘在一起，做成一个莫比乌斯带。（图 3）

第 4 步： 在沿线剪开前猜一下，剪后的结果是什么样的。（图 5）

第 5 步： 剪线的次序很重要。首先，沿着虚线（它们应当在被扭曲粘贴的环面上）剪，然后沿着实线剪。（图 4）结果是什么样的？

试一试！

莫比乌斯魔术是把一个环和一个莫比乌斯带连接在后再剪开。试着创造其他形状的组合，将它们扭转、剪开，看一看得到什么结果。你能创造一个以你的名字命名的奇异的形状吗？

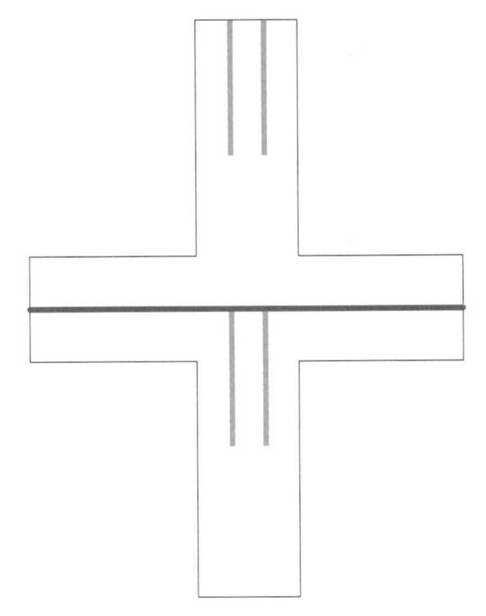

图1：剪出一个十字形的纸片，在其正反两面都画上水平的以及垂直的裁剪线。

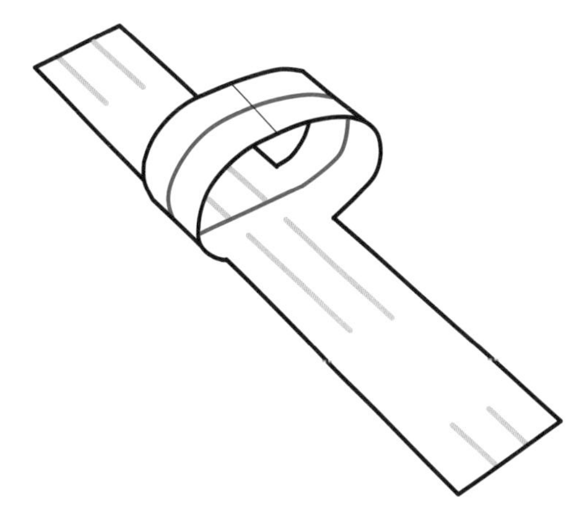

图2：把短的两端粘起来。

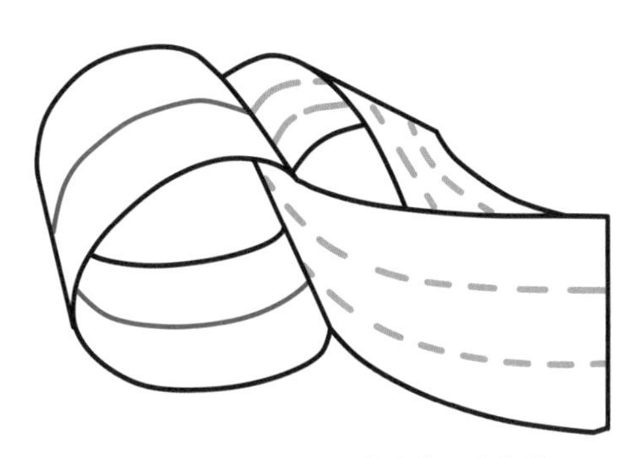

图3：把长的两端粘成莫比乌斯带。

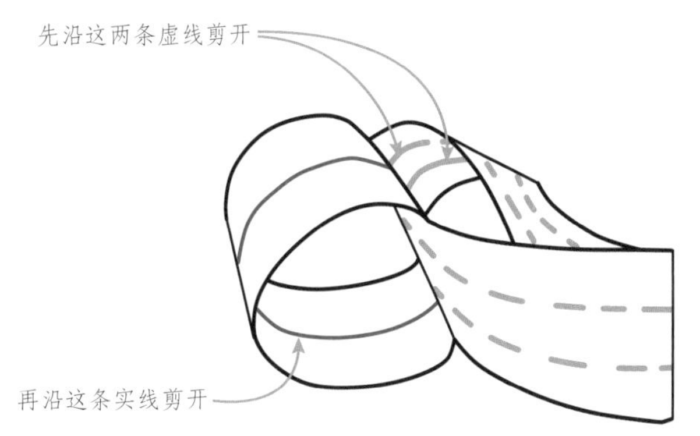

图4：先剪开两条虚线，再剪开实线。

图5：在剪线前先猜一下结果吧！

像数学家那样给地图着色

当你给地图着色时，可能觉得最重要的是美感。而当数学家说起给地图着色时，他们是在试图用最少量的颜色使得相邻国家的颜色有差异。通常，“地图”不是指某个地方的具体地图——而是有着待着色的各种区域的图。数学家通过研究地图着色问题来了解有效性及解决冲突的策略。今天，地图着色问题的一个重要应用是移动电话的频率分配问题。

四色定理是指为画在平面纸上的地图着色时决不会需要用到四种以上的颜色。这是第一个用计算机证明的数学问题，但多年以来一些数学家不认为这是一个合格的证明，因为他们无法独立地验证这些步骤。

找一本旧的着色本，看看你最少可以用几种颜色来着色，使得没有相同的颜色相邻。

实验12 地图着色基础

实验材料

→ 从“操作页”（第125–126页）裁剪或复印以下地图：棋盘地图、变形的棋盘地图、三角地图1、三角地图2、七点星地图、变形的七点星地图和南美洲地图

→ 蜡笔（或记号笔、彩色铅笔，至少4种颜色）

→ 4种不同颜色的珠子（或棋子、其他在纸上不易滚动的东西，或4种颜色的橡皮泥）

欢迎来到地图着色的世界！在本实验中，学习用尽可能少的颜色来为各种地图涂色吧！

几种颜色？

第1步：尽可能用最少量的颜色给棋盘地图着色，确保相邻的区域使用不同的颜色。你需要多少种颜色？（图1）你可能会用到多达九种颜色，其实只需要两种。（图2）实际上，有些人可能会在一个正方形区域内涂上多种颜色，虽然这样好看，但在本单元中，我们规定一个区域内只能涂一种颜色。

第2步：你需要多少种颜色来涂满变形的棋盘地图？涂涂看。（图3）

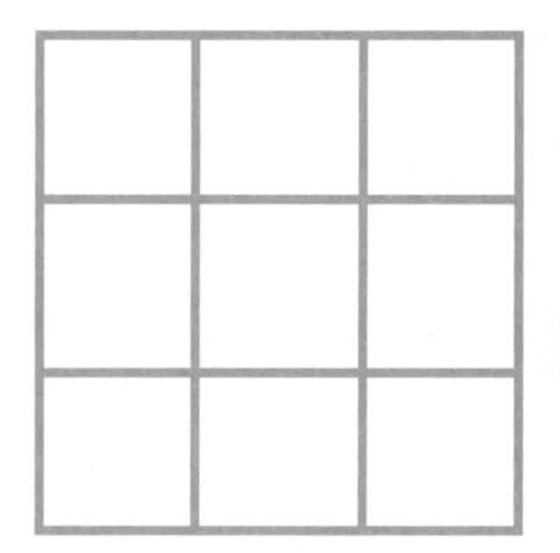

图1：用尽可能少的颜色给棋盘着色。

图2：你只需要两种颜色。

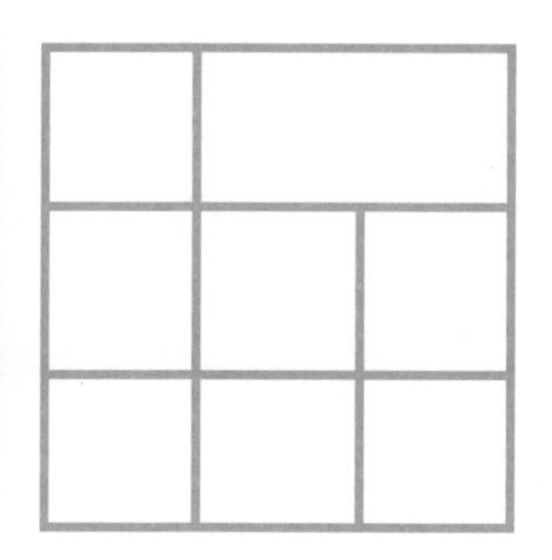

图3：给变形的棋盘着色。

现在你已经为一些地图着了色，你会发现我们最初提出的“用尽可能少的颜色”的规则并不够明确。在本单元的余下部分，我们要采用以下地图着色规则：

- 每个区域只上一种颜色。
- 用尽可能少的颜色上色。
- 当两个区域有相邻的边时，它们上的颜色应当不同。
- 如果几个区域只在一点相邻，它们可以上相同的颜色。

第 3 步： 试给三角地图 1（图 4）和三角地图 2（图 5）着色。前者只需两种颜色，后者需要三种。

思考问题

- 为了用尽可能少的颜色上色，你用了什么策略来确定用哪些颜色？
- 在着色中，你有常用的模式吗？

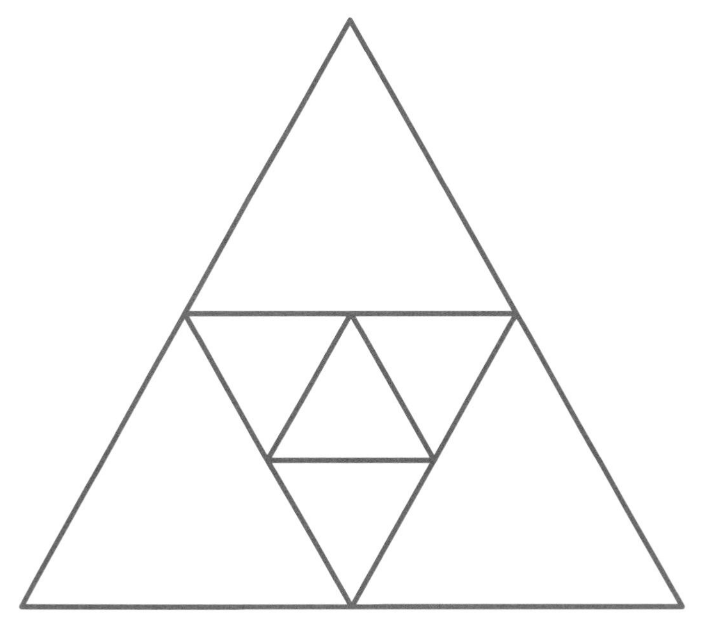

图4：三角地图1。

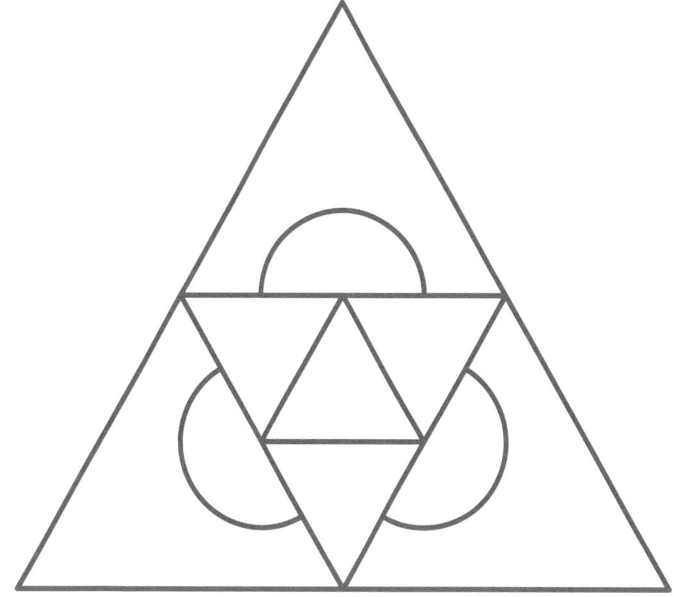

图5：三角地图2。

地图着色基础（续）

第 4 步：用我们之前提出的地图着色规则来给七角星地图（图 6）和变形七角星地图（图 7）着色。

第 5 步：用我们之前提出的地图着色规则和四种颜色的珠子或橡皮泥，思考如何给南美洲地图（图 8）着色。查看下一页的提示来获得启发吧！一旦确定了着色计划，在操作页上尝试起来吧！

试一试

为南美洲地图着色时，思考一下：为什么少于四种颜色就不能完成着色任务了。

图6：给七角星地图着色。

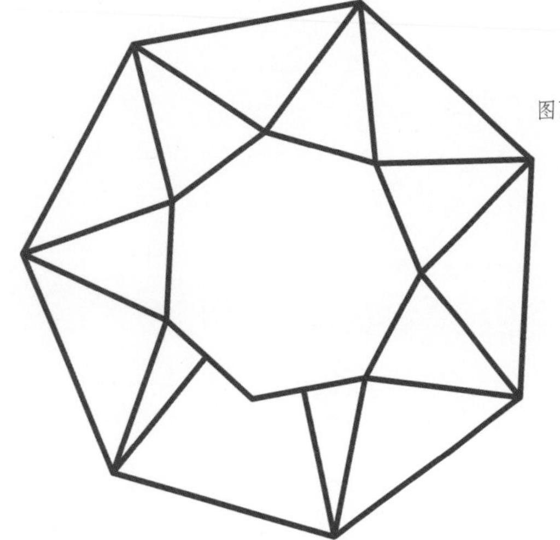

图7：给变形的七角星地图着色。

图8：先计划如何着色，再动手实施。

如何寻找更好的地图着色方法?

你可能注意到：如果毫无计划就开始着色，你可能不得不涂了又擦或多次地重新开始。所以最好在开始着色前计划好在哪些区域涂哪些颜色。你可以在你想要着色的区域内放一颗珠子或一小块橡皮泥，甚至只是做一个淡淡的铅笔记号，表示该区域将涂上什么颜色，而不是急于将这块区域涂满。如果你的地图特别复杂或者想对某一区域的颜色改变主意时，这种方法会特别省时。你所要做的只是换一些珠子或橡皮泥，或擦掉一些铅笔记号而已，不需要从头来过。一旦对每个区域都指定好了颜色，你就不必再担心从头来过，可以自信地去涂色了！

例如，下图左边是用珠子标记的上色方案，右边是该方案的最后实现效果。

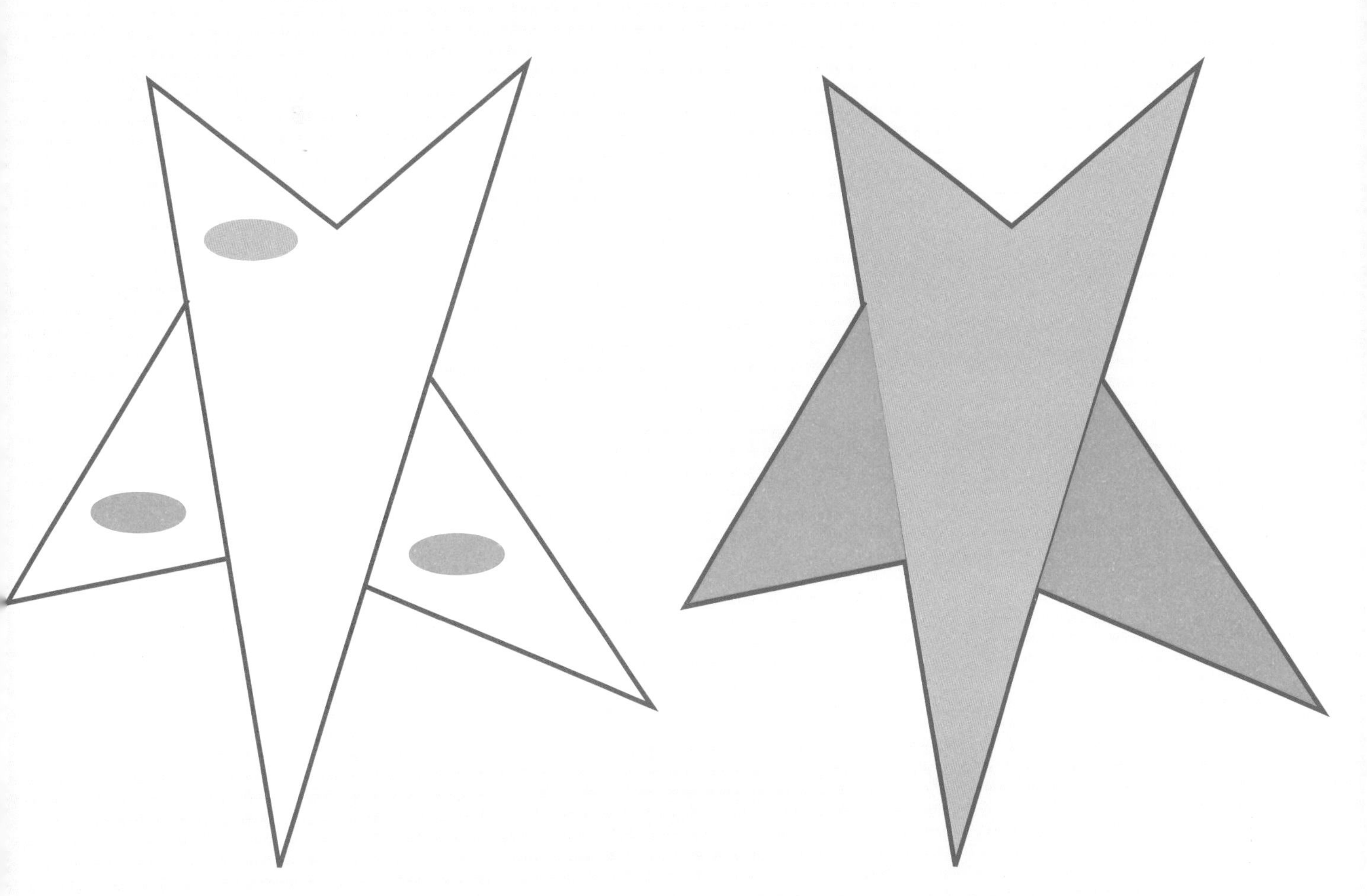

实验 13 高效地为地图着色

在这里你将学习到一项更为高效的地图着色技术。我们提供的只是方法之一，还有其他很多正确的着色方法。

实验材料

→ 从“操作页”（第 127–128 页）裁剪或复印以下地图：美国地图、火鸡地图、抽象地图、非洲地图

→ 蜡笔（或记号笔、彩色铅笔，至少 4 种颜色）

→ 4 种不同颜色的珠子（或棋子、橡皮泥）

数学知识

贪心算法是什么?

用一种颜色尽可能多地为地图着色后再换另一种颜色，这种技术称为贪心算法。你能猜出为什么这么叫吗?

用贪心算法着色

第 1 步： 用红色给美国地图的一块区域上色。（图 1）

第 2 步： 尽可能多地把其他区域也涂上红色。注意红色区域不能相邻。（图 2）

第 3 步： 一旦没有区域可以涂红了，换成蓝色涂一块空白区域。（图 3）

第 4 步： 尽可能多地把其他区域涂为蓝色，蓝色区域不能相邻。（图 4）

图1：将一块区域涂红。

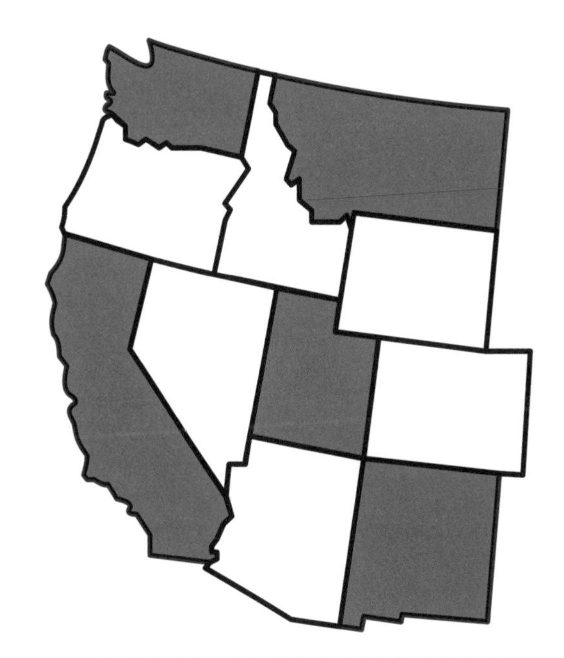

图2：尽可能多地把其他不相邻的区域涂成红色。

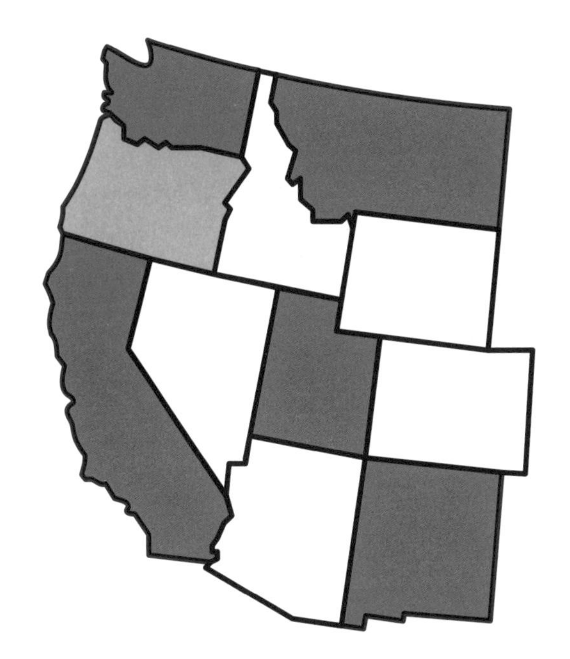

图3：一旦没有区域可涂红了，换成蓝色，将一块空白区域涂为蓝色。

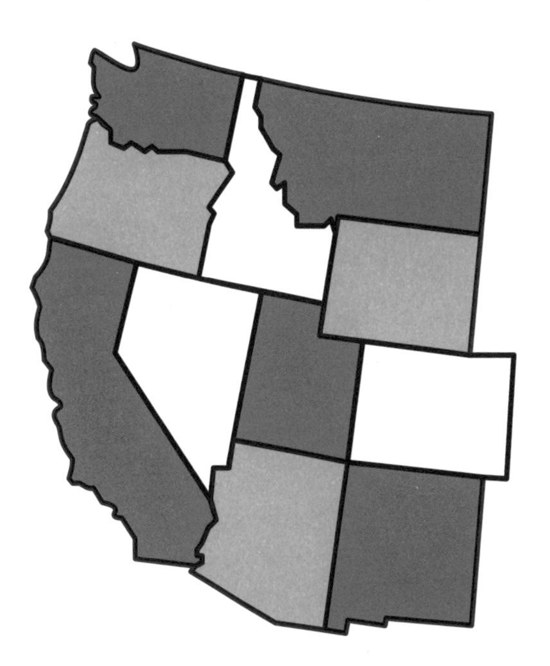

图4：尽可能多地把其他不相邻的区域涂为蓝色。

第 5 步： 当无法再把任何区域涂为蓝色时，如果地图还没有完全上色，再把一块空白区域涂为绿色。（图 5）

第 6 步： 尽可能多地把其他区域涂为绿色。（图 6）

第 7 步： 如果地图还是没有完全上色,则把剩下的不相邻的区域涂为黄色。（图 7）

第 8 步： 到此你应当完成了整个地图的涂色。

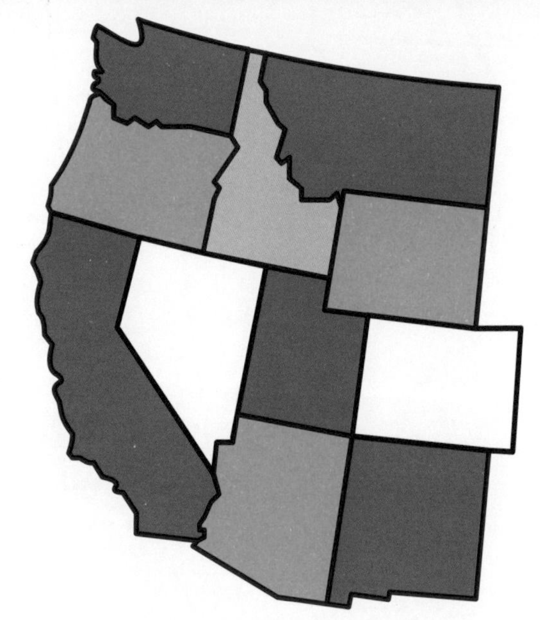

图5：如果地图没有完全上色，则把一块空白区域涂为绿色。

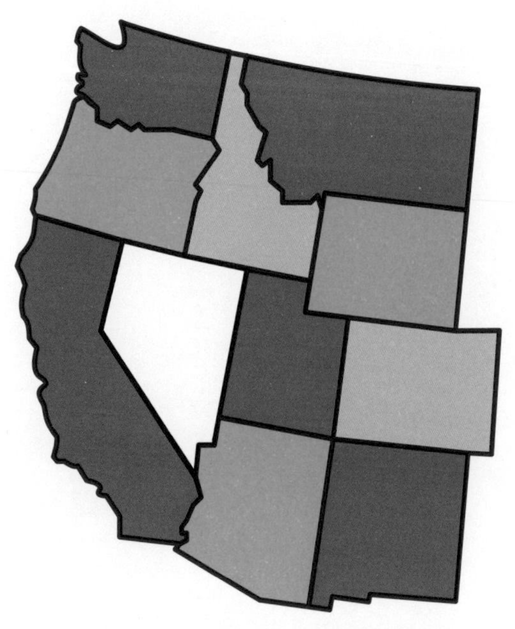

图6：尽可能多地把其他不相邻的区域涂为绿色。

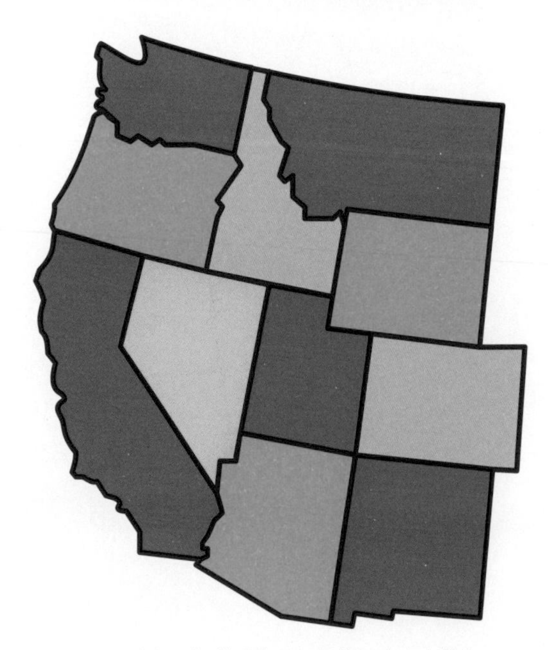

图7：把剩下的不相邻的区域涂为黄色。

规划着色方案

现在，用这个技术给火鸡地图、抽象地图和非洲地图着色吧。在开始之前，用珠子（或橡皮泥、淡的铅笔记号）来规划地图着色方案。非洲地图是特别需要仔细规划的。因为你肯定可以用四种颜色来对它着色，所以，如果你在某步被卡住了，要不断地调整和尝试。也许你不得不重来好几次，但当你知道数学家也常常借助计算机来规划着色方案时，你可能会感觉好点。

编者注：非洲地图上的虚线为未定国界，着色时按实线边界处理。

实验 14 单线涂鸦地图

实验材料

- → 铅笔
- → 几张白纸
- → 蜡笔（或记号笔、彩色铅笔）

数学见面会

给你的朋友画地图

你可以自己画个图，让你的朋友用之前提及的着色规则给它着色！如果你画不好或者没时间，也可以拿出一本着色本，用本子里的任意一幅图画作为地图使用。

试一试！

每个单线涂鸦地图只需要用两种颜色就能完全着色。你能想出为什么吗？

你用铅笔在纸上画出的任意图画都可以被当作一张地图。一起学习如何在单线涂鸦画出的地图上着色吧！

画单线涂鸦地图

第 1 步： 把铅笔放在一张空白的纸上。

第 2 步： 在纸上画一条随意走向的长曲线。（图 1）不要让铅笔离开纸面或超出纸的边界。（图 1 中的大红点代表单线涂鸦的起点，你不必在纸上画同样的大红点）

第 3 步： 你画的线可以在纸上任何地方交叉多次。（图 2）

第 4 步： 当铅笔回到线条的起点时，地图就完成了。最后得到的是一幅复杂的单线涂鸦地图。（图 3）

第 5 步： 用你在前几个实验中学到的技术，用尽可能少的颜色来给这幅单线涂鸦地图着色。（图 4）

第 6 步： 试着画出更多的单线涂鸦地图，再给它们着色吧！

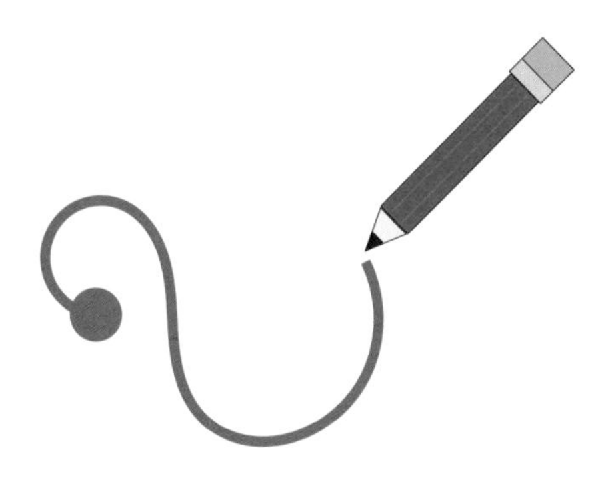

图1：在纸上画一条随意走向的长曲线。

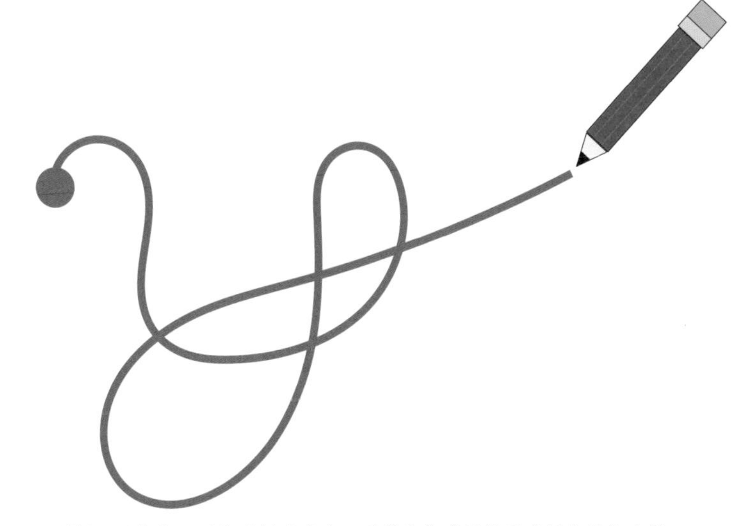

图2：画的线可以交叉任意多次。不要让笔离开纸面或超出纸的边界。

图3：让铅笔回到线条的起点。

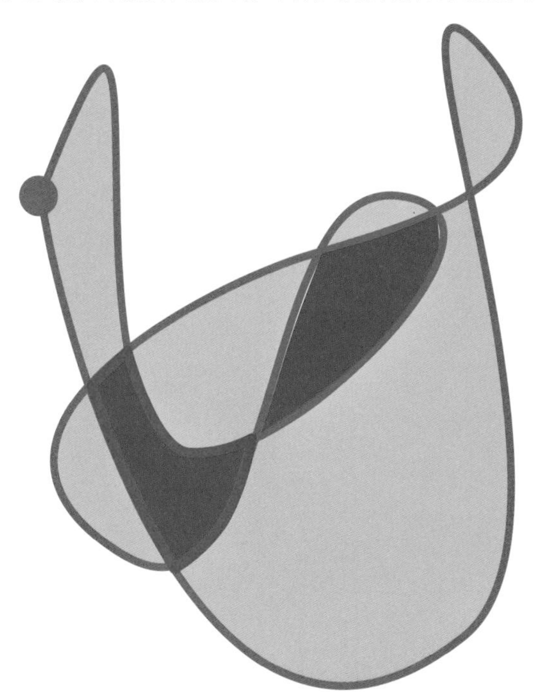

图4：用尽可能少的颜色给你画的单线涂鸦地图着色。

缝合曲线

有时方程难以求解，甚至专家对此也无能为力！对于这种问题，人们发明了容易计算并近似于解的方法，这个数学分支叫数值分析。这些数学算法通常在计算机上完成，通过更多的计算可以使近似解足够好地满足你的要求。曲线缝合是通过画直线来获得似曲线的方法，它不需要任何计算。你画的线之间越接近，就越近似于你要作的曲线。我们可以用同样的技术作多种曲线和形状，可以创作出美丽的艺术作品。

你能只用直线来画曲线（或看起来像曲线的东西）吗？

实验 15 画抛物线

学习如何只用直线作出特定曲线——抛物线。

实验材料

- → 铅笔
- → 白纸（或方格纸）
- → 直尺
- → 圆规（可选）

数学知识

抛物线是什么?

抛物线是U形曲线，由圆锥和平面相交得到（见下图）。在现实世界中多处可见抛物线。当你扔球时，球的运动路线就是抛物线。扩展到三维，一个横截面都是抛物线的曲面（抛物面）会被用在望远镜中，达到把光线聚焦于一点的效果。

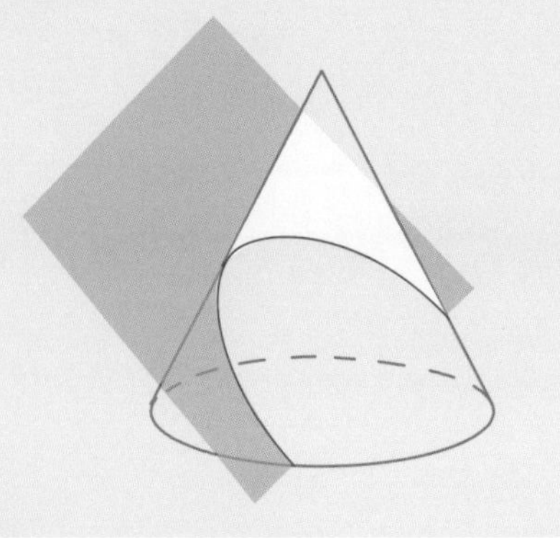

画具有不同角度的抛物线

第1步： 画两条直线相交成直角（正方形的角，也称为90度角）。在方格纸上画起来更容易，也可以比着书的角来画。

第2步： 沿线等间隔地做6个标记。如果画在方格纸上，则间隔是5个方格。也可以用尺来量，间隔2.5厘米。如图所示，在线的底部和边上标上数字。（图1）

第3步： 沿直尺画线，将两个标有“1”的点用直线连起来。（图2）

第4步： 再在两个标有“2”的点之间连线。（图3）

第5步： 重复第3步和第4步，连接剩下的相同标号的点。最终获得如图4所示的曲线，这条曲线近似于抛物线。你用的直线越多，得到的曲线看起来越光滑（原理见第60页上的“发生了什么？”）。

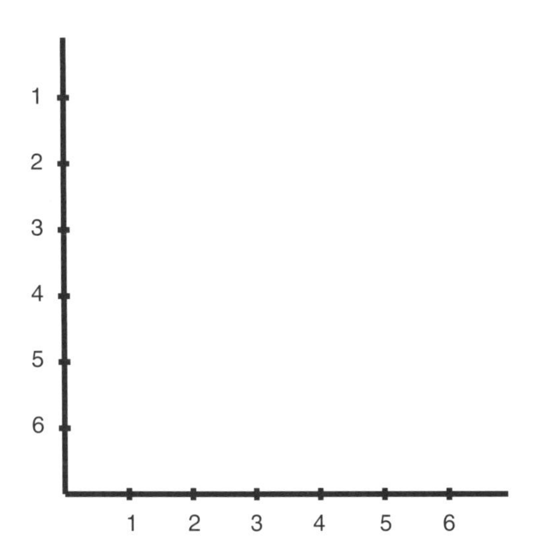

图1：画两条直线成直角，在每条线上等间隔地做六个标记，并标上数字。

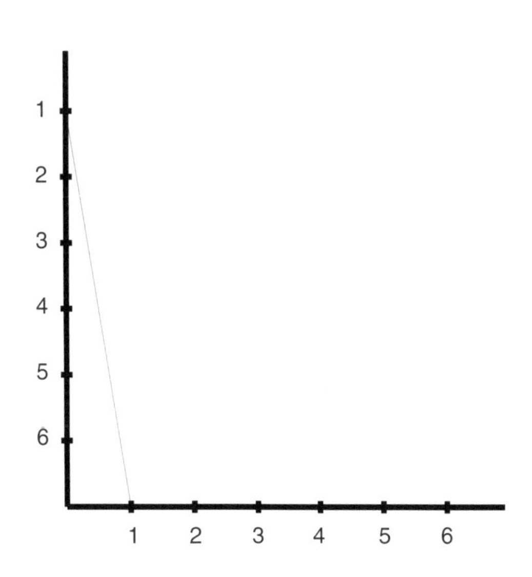

图2：用直尺画线连接标有数字“1”的两点。

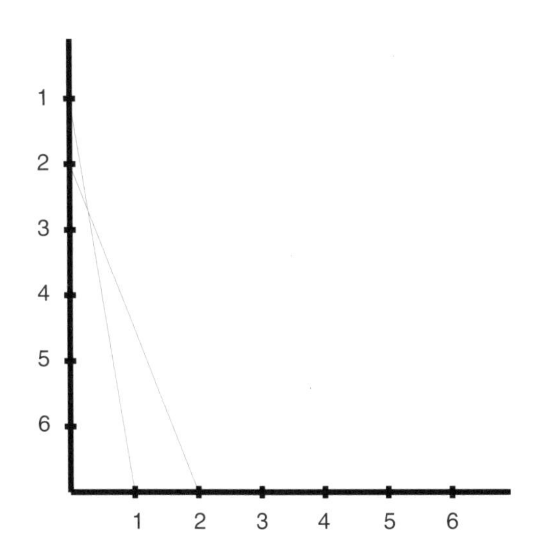

图3：用直线连接标有数字“2”的两点。

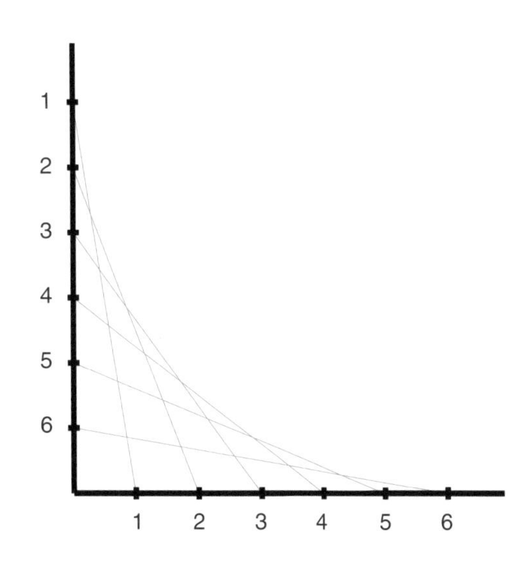

图4：用直线连接剩余的具有相同标号的点。

发生了什么?

沿着每条线取的点越多，最终得到的线越接近于真实的抛物线。试着将两条边上原来的 6 个点增加到 12 个点，画出一条更精确的抛物线，并比较两者的结果。想象一下，如果将两条边上的点增加到 50 个点甚至 100 个点，最终获得的结果将多么接近于精确的抛物线啊!

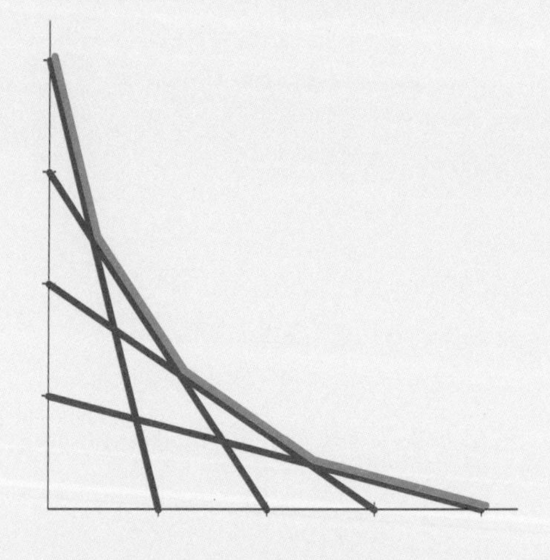

观察两幅抛物线图，一幅（上图）的两条边上各有 4 个点，另一幅（下图）的两条边上各有 12 个点。每幅图上得到的曲线用绿色显示。

第 6 步： 这个画抛物线的方法适用于任何角度。试着从一个锐角（比直角小的或比 90 度小的角）（图 5、图 6）和一个钝角（比直角大的或比 90 度大的角）（图 7、图 8）开始画曲线。

第 7 步： 画抛物线时，请注意曲线的形状是如何随着两条直线之间的角度变化而变化的。两条直线呈锐角时，曲线是压缩的。两条直线呈钝角时，曲线是扩张或伸展的。

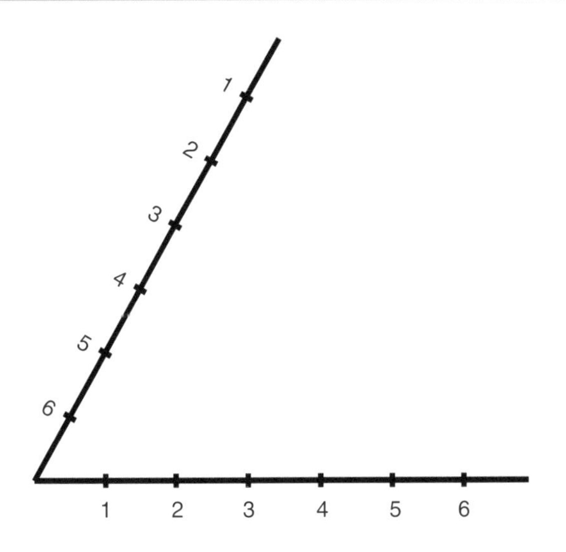

图5：在一个锐角（小于90度）上画抛物线。

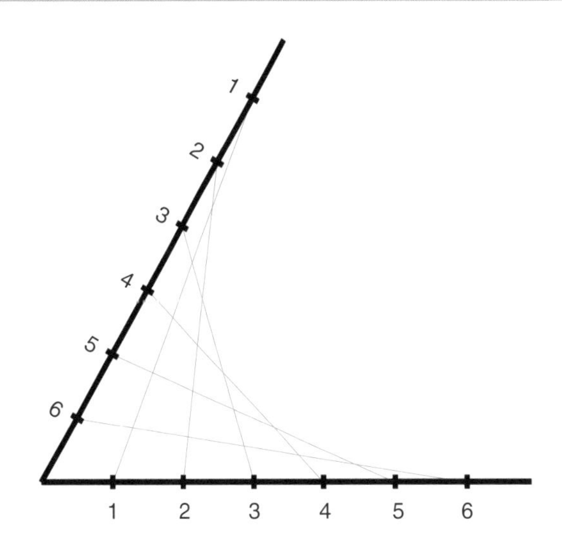

图6：在锐角上画出的抛物线的形状是压缩的。

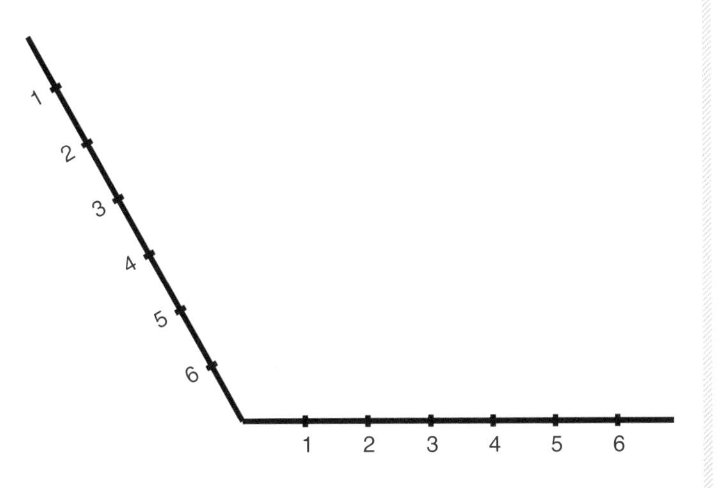

图7：在一个钝角（大于90度）上画抛物线。

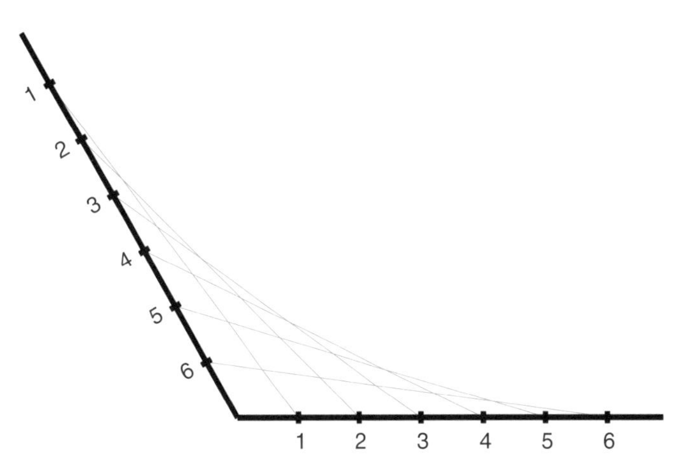

图8：在钝角上画出的抛物线的形状是扩张的。

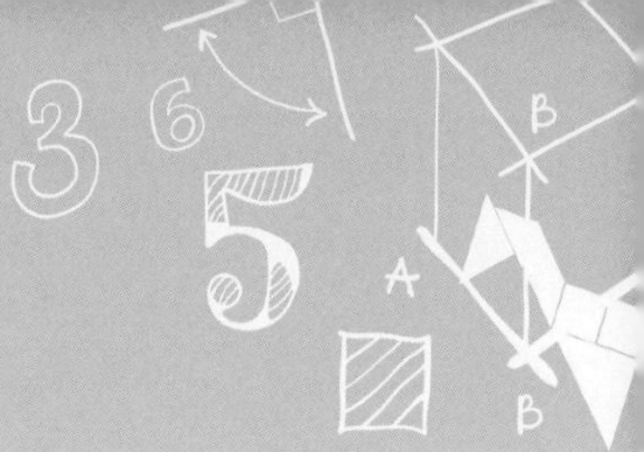

实验 16 缝星星

实验材料

- → 纸和橡皮
- → 牛皮纸（或薄纸板）
- → 尺
- → 图钉
- → 瓦楞纸板（或浴巾）
- → 剪刀
- → 线（或绣花线、纱线、其他粗线）
- → 钝针
- → 胶带（或透明胶带、遮光胶带）

试一试！

你能用这种方法做一个三角星或一个五角星吗？

用针线连出抛物线，制作一颗美丽的星星！

缝一颗星星

第 1 步： 用铅笔在牛皮纸上轻轻地画一个十字形。（不要太用力，后面还要把它擦掉）用尺从中心点开始沿每条线等间隔地作标记。（图 1）

第 2 步： 用图钉仔细地在每个标记点上戳孔。你可以把牛皮纸放在诸如瓦楞纸或浴巾上，戳起洞来将更容易和安全。

第 3 步： 给线上的标记点作编号。（图 2）

第 4 步： 剪一段如手臂长的线穿在针上。

第 5 步： 从牛皮纸的背面开始，把针穿过标有“1”的孔。拉线时留下几厘米的线用胶带牢固地粘在纸的背面。拉一下线确认线不会松动。（图 3）

第 6 步： 现在你的针应当在牛皮纸的正面了，将针穿过另一个标有“1”的孔。同实验 15 中用铅笔连线一样，这次是在两点间缝一长线。

第 7 步： 再从牛皮纸的背面开始，把针穿过相邻的孔，即标有“2”的孔，缝一短线。然后，在正面缝一长线连接另一个标有“2”的孔。（图 4）

第 8 步： 继续用线连接其余的孔。在正面缝长线，在反面缝短线。如果线不够长，用胶带将线的末端粘在纸背面，再剪一段线穿上针继续做。做完后，在纸的背面用胶带将线粘住，剪去多余的线头。（图 5）

第 9 步： 用相同的办法缝出其余 3 条抛物线来完成这颗四角星。如有需要，同样在其他线上标上数字。用不同颜色的线来缝出不同的角。（图 6）

第 10 步： 轻轻擦去可见的铅笔记号。

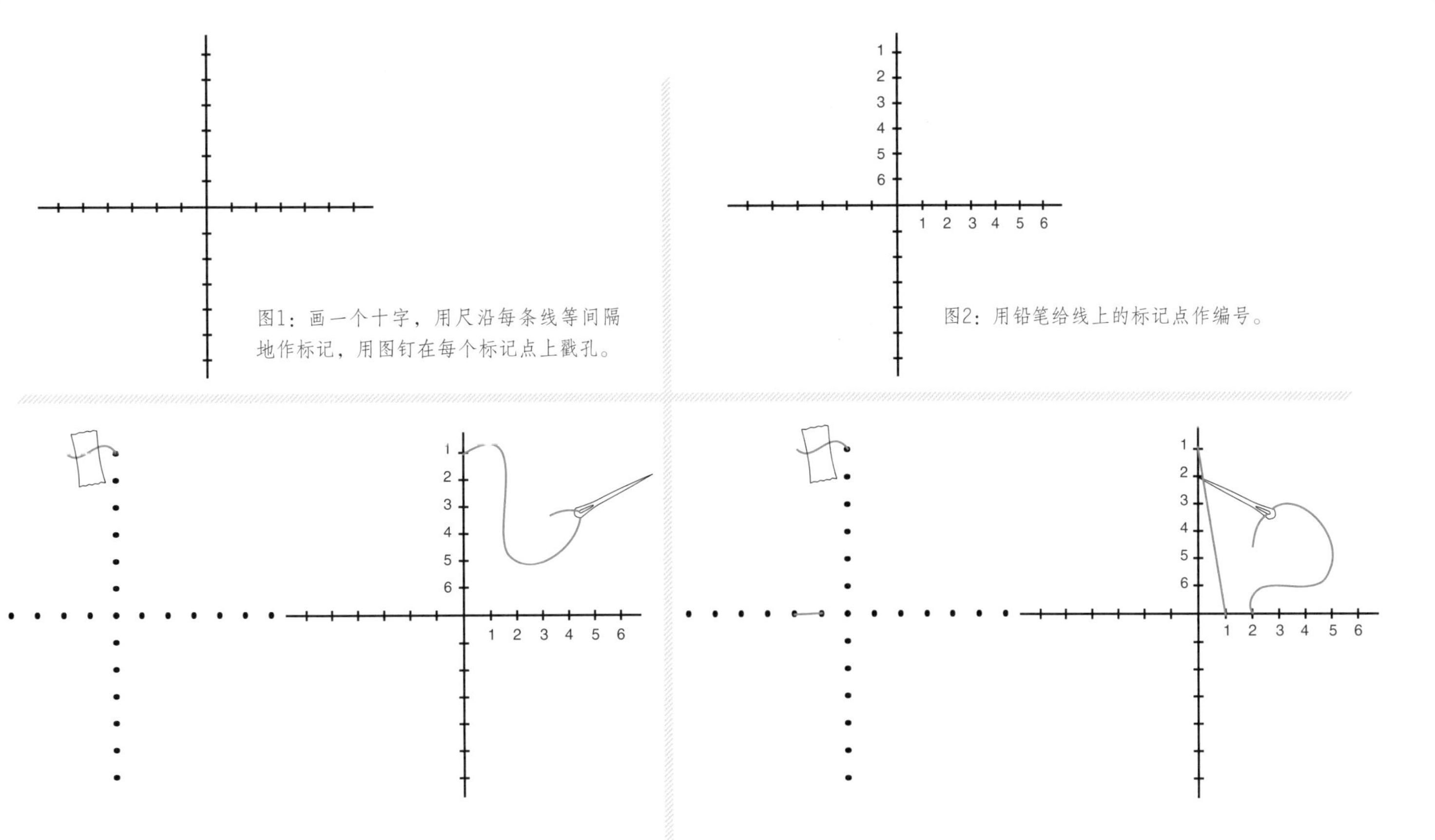

图1：画一个十字，用尺沿每条线等间隔地作标记，用图钉在每个标记点上戳孔。

图2：用铅笔给线上的标记点作编号。

图3：把针从纸的背面穿过标有“1”的孔，用胶带把末端留出的几厘米线粘在纸的背面。

图4：把针从纸的背面穿过标有“2”的孔，缝一短线，然后在纸的正面缝一条长线连接两个标有“2”的孔。

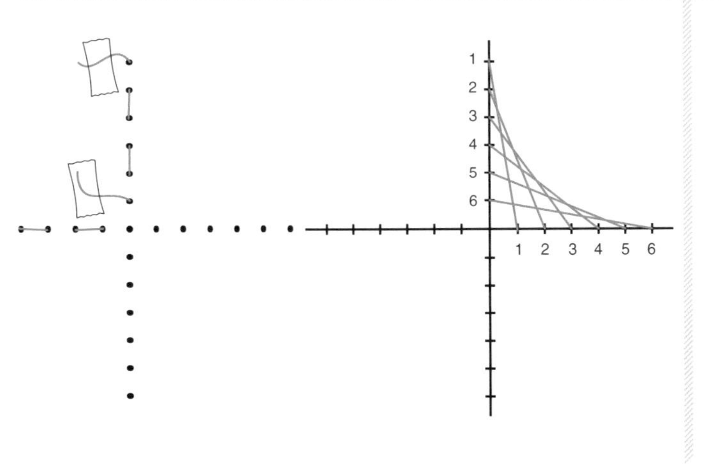

图5：继续用线连接其余的孔。

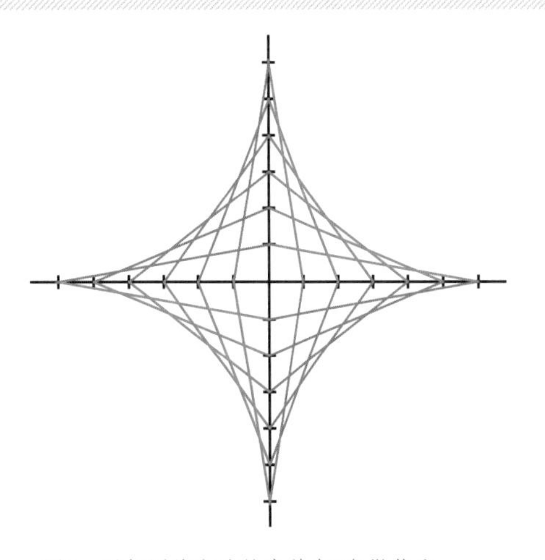

图6：用相同的方法缝出其余3条抛物线。

实验 17 创作曲线

实验材料

- → 铅笔和橡皮
- → 牛皮纸（或薄纸板，可选）
- → 罐头（或杯子，可选）
- → 尺
- → 图钉
- → 瓦楞纸板（或浴巾）
- → 剪刀
- → 线（或绣花线、纱线、其他粗线）
- → 钝针
- → 胶带（或透明胶带、遮光胶带）

仅用直线，画出或缝出除抛物线外的曲线。

画出或缝出一条曲线

第 1 步： 画一个圆或椭圆形。可以徒手画，或者用一个罐头（或杯子）作为模版画，也可以用线和胶带画（见实验 5、7）。如果想用铅笔画形状，需要画在无线条的白纸上。如果想用针线缝形状，需要缝在牛皮纸上。

第 2 步： 沿着你画的形状等距地标记是最需技巧的部分。一个比较好的方法是用尺每隔 1 厘米在线上标上铅笔记号。可能有些记号间不是等距的，这并没关系。（图 1）你能想出其他的做等距标记的方法吗？

第 3 步： 当你做好标记，选择两个标记并连接起来。最好不要选择相邻的标记，也不要选择相对的标记。可用尺和铅笔（或钝针和线）将两个标记连接起来。（图 2）缝线的方法见实验 16 的第 3–5 步。

第 4 步： 沿顺时针，找到与所连线段两端相临的两个标记，并将其连接起来。（图 3）这时，后两个标记之间的相隔数与前两个标记之间的相隔数是相同的。

第 5 步： 绕着整个形状这样做，直到回到开始的地方。完成后，从每个标记点应连出两条线。（图 4）

玛丽·埃佛勒斯·布尔
（MARY EVEREST BOOLE）

玛丽·埃佛勒斯·布尔（1832–1916，英国）是曲线缝合的发明者。她用她父亲的书自学微积分，并与著名的数学家通信，由此学到了更多知识。她最初的职业是图书管理员，后成为数学和科学教师。她的亲身实践方法、对批判性思维的鼓励、对重复训练的谨慎运用至今仍然影响着现在的课堂教学。

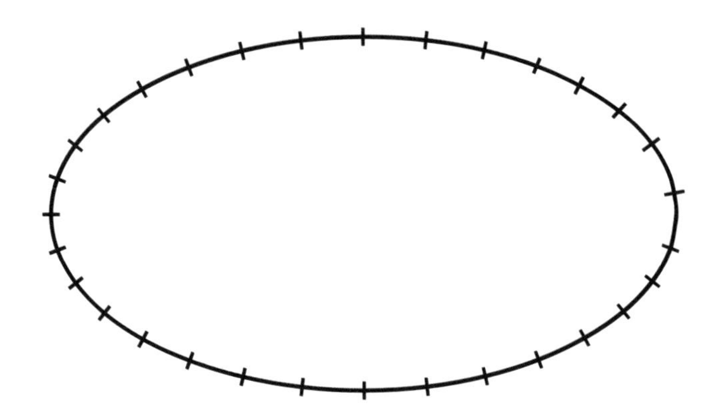

图1：画一个圆或椭圆，沿着形状等距离地做标记，可能有些点间隔不太均匀，不过没关系，看起来差不多就行。

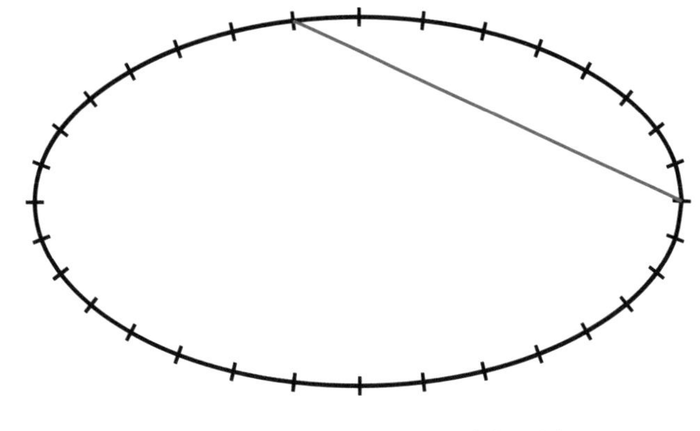

图2：用尺和铅笔（或用缝线）连接两个标记。

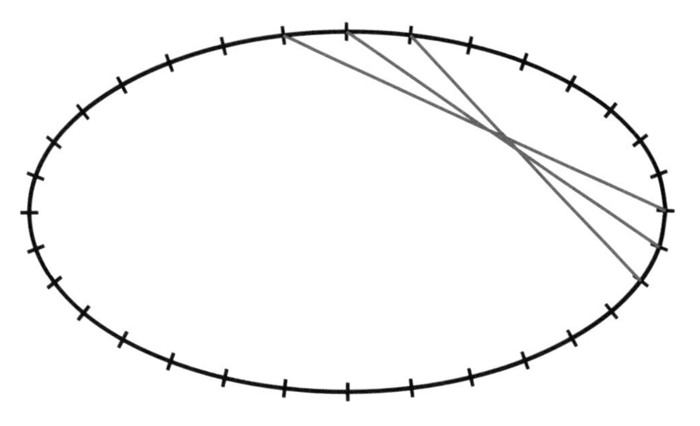

图3：以顺时针方向连接各个标记。

图4：继续做，直到回到原来的出发点。

试一试！

你可以把这种技术应用到很多形状上，如卵形线、三角形、其他多边形、月牙形、鱼形、恐龙形、火箭飞船形等。试着做一些吧！在如何连接线上要有创新性，看看你能创造出哪些模式来增强作品的艺术性。这也是色彩实验的极好机会。

神奇的分形

分形是一种形状，不管你把它的某一特定部分放得有多大，它都与自身相似。

自然界里就存在分形，如冻结在窗玻璃上的冰晶。它们作为混沌理论的一部分，引起了数学家和科学家对自然界中部分相似于整体之模式的研究兴趣。例如，右图中的蕨叶，蓝色分支部分多像整个绿色蕨叶的一个缩小复制品，而蕨叶的紫色部分非常相似于整个绿色蕨叶和蓝色的分支。

对分形的理解有助于对股票市场、流体、航天和天气的研究。当然，分形之美本身也引起了艺术家的兴趣。

你能想到其他自相似的物体的例子吗?

实验18 画谢尔宾斯基三角形

实验材料

→ 纸
→ 铅笔
→ 直尺（或卷尺）
→ 等边三角形模板（第 129 页）
→ 几种颜色的蜡笔（或记号笔）

谢尔宾斯基三角形是分形的一个例子。

从等边三角形到谢尔宾斯基三角形

第 1 步： 画一个边长为 15 厘米的大等边三角形（第 26 页）。（图 1）可以按实验 6 的方法来做。如果想省事的话，也可以使用第 129 页的等边三角形模板。

第 2 步： 用尺量三角形每条边的长度，在每条边的中心做一个标记点。（图 2）数学家称这点为中点。（年龄较小的孩子可以目测中点。）

第 3 步： 连接每一个中点，在第一个三角形内得到一个尖头朝下的三角形。（图 3）原三角形现在分成了 4 个小三角形。（图 4）根据定义，位于中间的小三角形不是谢尔宾斯基三角形的一部分，只有位于外面的三个小三角形才是。

第 4 步： 对 3 个位于外面的小三角形分别做同样的操作，标记每条边的中点。（图 5）

第 5 步： 连接新的中点。（图 6）

第 6 步： 再继续加中点连接出新的三角形。然后，着上你喜欢的色彩。你做出的三角形可能比我们的更漂亮。（图 7）

祝贺你！做出了一个谢尔宾斯基三角形。

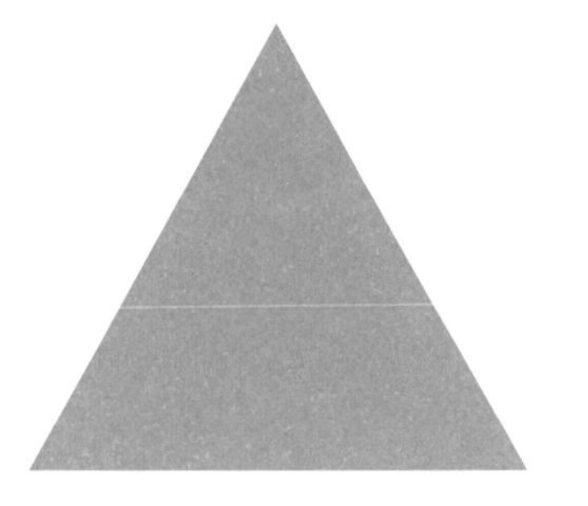

谢尔宾斯基三角形

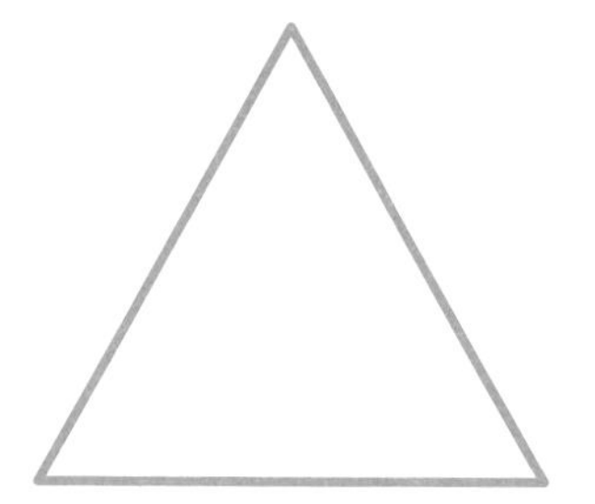

图1：画一个等边三角形。

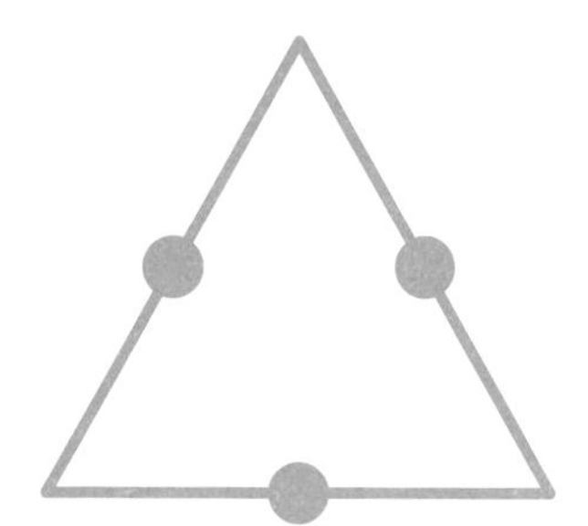

图2：在每条边的中央加点。

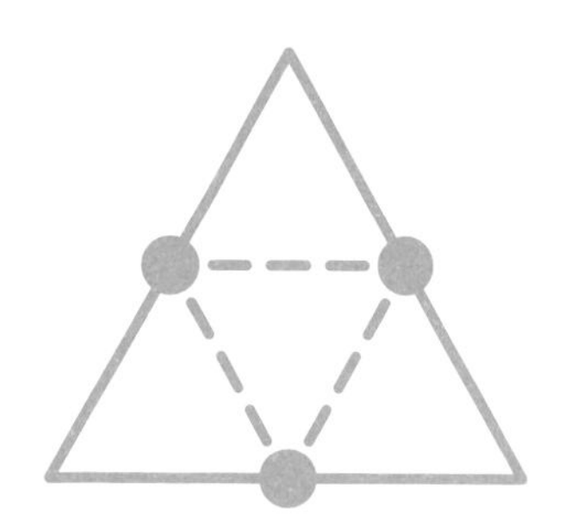

图3：连接各个中点。

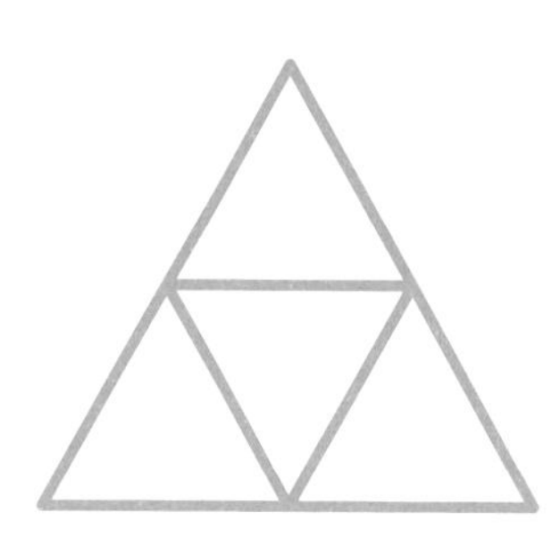

图4：得到4个小三角形。

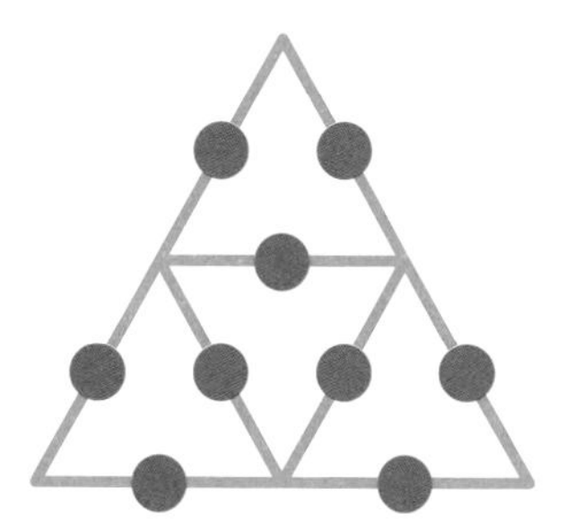

图5：在位于外面的3个三角形的每条边的中点上作标记。

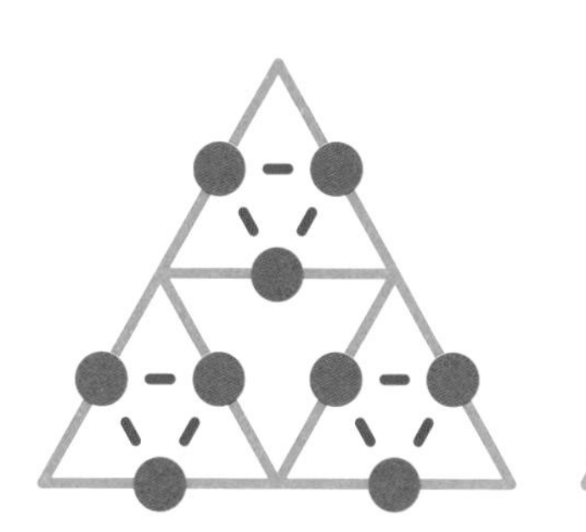

图6：连接新的中点，画出新的三角形。

图7：继续添加中点作三角形，然后涂上你喜欢的颜色。

实验 19 做谢尔宾斯基三角形

实验材料

- → 至少3种颜色的纸
- → 铅笔
- → 直尺（或卷尺）
- → 等边三角形模板（第129页）
- → 剪刀
- → 大张的纸（如广告纸、包肉纸、包装纸或其他大张的纸，可选）
- → 胶水（或胶带）

这是制作彩色谢尔宾斯基三角形的另一种方法。

做谢尔宾斯基三角形

第1步： 在一张单色的纸（图中用了紫色的）上，画3个边长15厘米的大等边三角形。可以按实验6的方法做。如果想省事，也可以用第129页的等边三角形模板来画。

第2步： 将它们剪下。

第3步： 将它们排成谢尔宾斯基三角形。（图1）

第4步： 用另一种不同的颜色（图中用了蓝色）做出如第1步一样大的第4个三角形。

第5步： 连接新三角形的三条边上的中点，沿线剪开得到4个小三角形。（图2）（提醒一下，找中点的方法见实验18。）

第6步： 把3个新的三角形放在已有的谢尔宾斯基三角形上，用胶水（或胶带）固定位置。（图3）

第7步： 用另一种新的颜色重复以上步骤，次数随意。（图4）

第8步： （可选做）如果你制做了很多谢尔宾斯基三角形，你可以把它们组成一个大的谢尔宾斯基三角形。如果你有一大张纸，从左下方开始，把这些三角形用胶水或胶带粘在纸上。这样在第73页的“数学见面会”中，你就可以拼出更多层。（图5）

图1：把三角形排成谢尔宾斯基三角形。

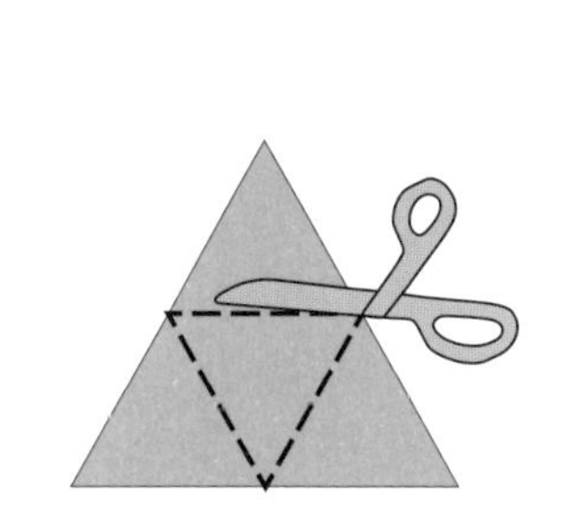

图2：将新三角形剪成4个小三角形。

图3：把3个小三角形粘在做好的谢尔宾斯基三角形上。

图4：最终得到的谢尔宾斯基三角形。

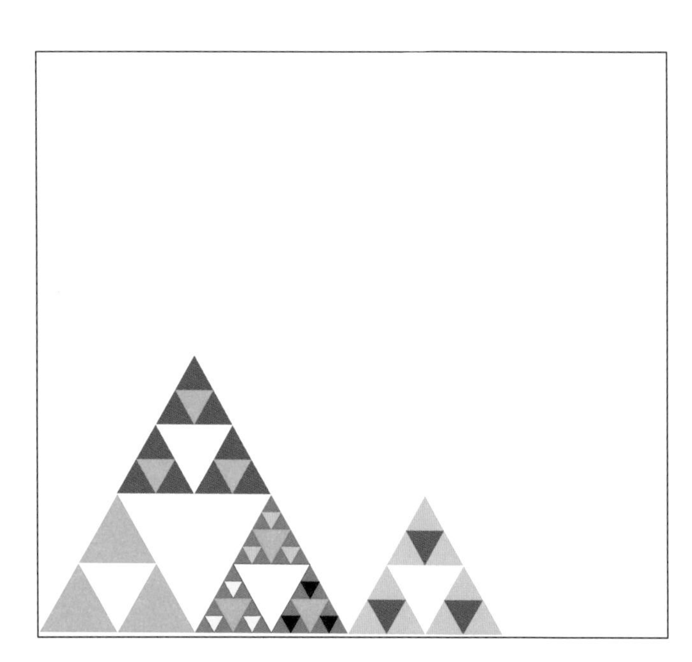

图5：把你做的小谢尔宾斯基三角形拼成一个更大的。

数学知识

谢尔宾斯基三角形的面积

物体的面积是它占平面图形的大小。虽然在前几个实验中，我们创作了美丽的艺术品，但要知道，谢尔宾斯基三角形的正式定义只是上述彩色的三色形（白色部分的面积不计在内）。

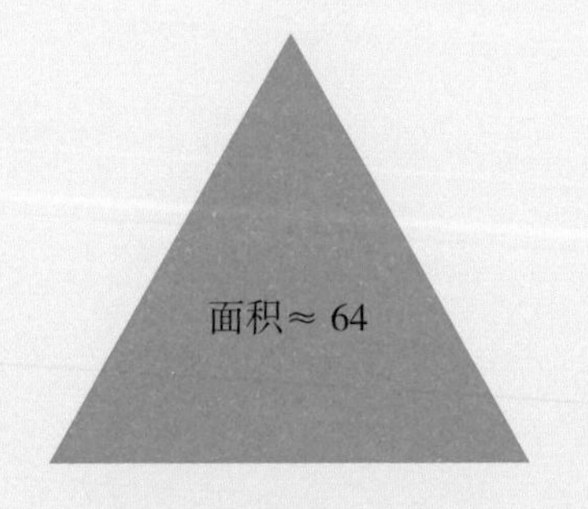

- 实验 18 中的第一个三角形的面积大约是 41 平方厘米。数学家用“≈”表示“约等于”，它有些像等于号。
- 下一步把原三角形四等分后去掉中间的三角形。如果原三角形面积是 64 平方厘米，分成四份后，小三角形的面积是多少？为什么新的谢尔宾斯基三角形的面积是 48 平方厘米？
- 每次加新的小三角形到谢尔宾斯基三角形上，得到的谢尔宾斯基三角形的面积就变为原先的$\frac{3}{4}$。这是因为我们把原来的三角形分成四份后拿走了中间的一份。

  如果继续等分三角形，并去掉中间的部分，最后得到的形状的面积是零！

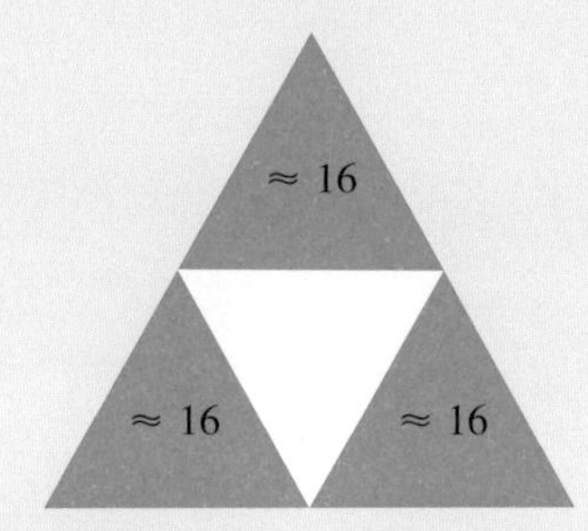

数学见面会

做一个巨型的谢尔宾斯基三角形

用你在实验 19 中做的三角形或新剪的边长为 15 厘米的三角形，排成一个巨型的谢尔宾斯基三角形。运用在实验 19 中学到的方法——最好把它们粘在一大张纸（或布告纸板）上，使得它们不会移动。可以将你的作品挂在某处，让大家一起欣赏。如果愿意，还可以发照片给我们的网站：mathlabforkids.com。

试一试！

谢尔宾斯基活动

- 谢尔宾斯基三角形的周长（边的总长度）是多少？
- 做完第 1 步后谢尔宾斯基三角形中包含了多少个三角形？第 2 步呢？第 3 步呢？第 10 步呢？你能找出规律吗？
- 谢尔宾斯基金字塔（三维的谢尔宾斯基三角形）会是什么样的呢？

实验 20

画科赫雪花

实验材料

→ 纸
→ 铅笔（不是钢笔）
→ 直尺（或卷尺）
→ 等边三角形模板（第 129 页）

实验 22 还会用到科赫雪花

最早被发现和描述的分形之一是科赫雪花。

做一个科赫雪花

第 1 步： 画一个边长为 15 厘米的等边三角形。（图 1）可以按实验 6 的方法做。如果想省事，可以用第 129 页的等边三角形模板。

第 2 步： 将三角形的三条边三等分。在离三角形每个顶点 5 厘米和 10 厘米的边上做记号。（图 2）年龄较小的孩子可以用目测的方法，在每条边的大约三分之一及三分之二处做标记。

第 3 步： 每条边上的两个记号之间的线段是新的等边三角形的底边。新三角形的尖头朝外。（图 3、4）

第 4 步： 擦去第 3 步中 3 个新三角形的底边。（图 5）

科赫雪花

图1：画一个边长15厘米的等边三角形。

图2：将每条边三等分。

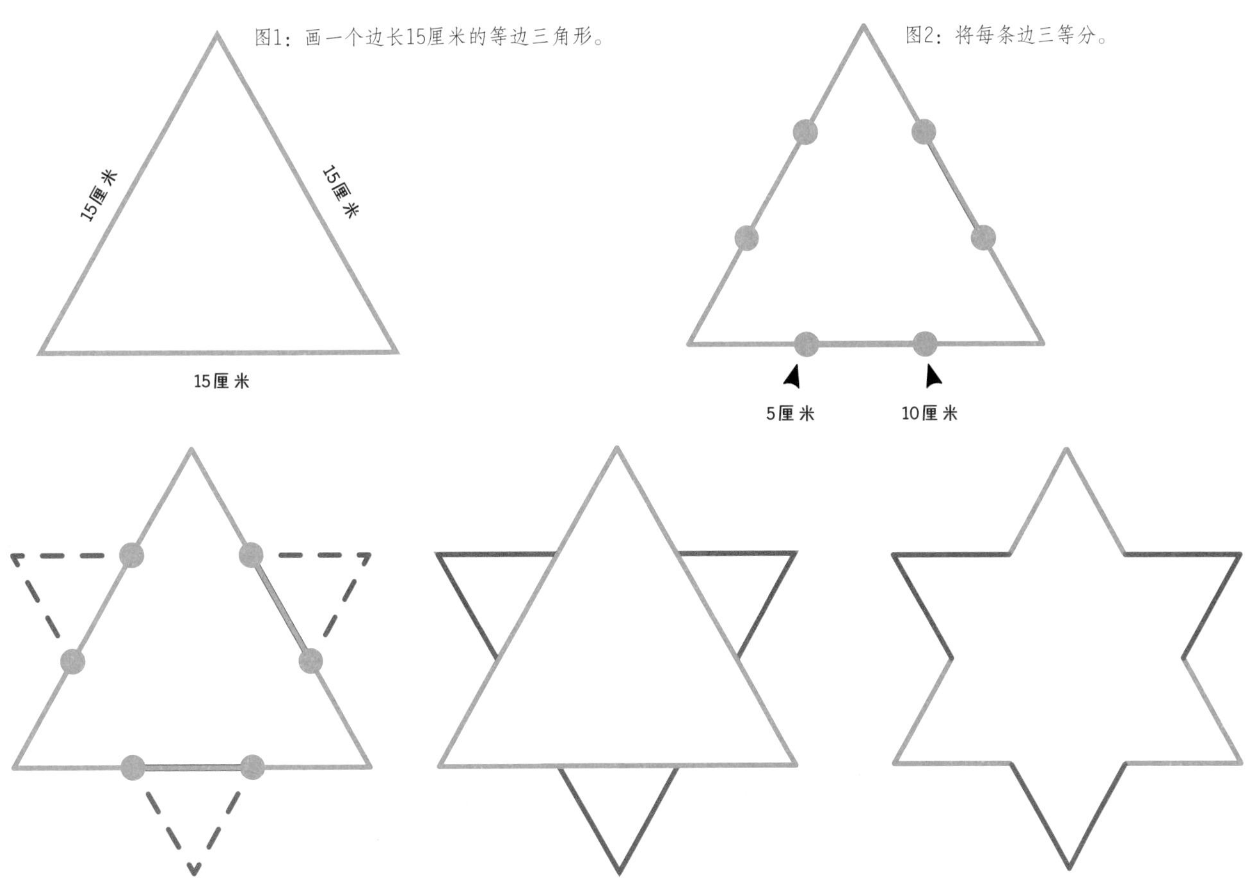

图3、4：以每条边上两标记之间的线段为底边，朝外作新的等边三角形。

图5：擦掉新三角形的底边。

图6：将第4步中画出的形状的每条边作三等分，利用等分标记重复第3步。

第 5 步： 将第 4 步中画出的形状的每条边上标上两个记号，作三等分。以每条边上的两标记之间的线段为底，向外作新的等边三角形。（图 6）

第 6 步： 擦去每个新等边三角形的底边。（图 7）

第 7 步： 重复第 5 步及第 6 步任意次数。（图 8 是一个例子）

第 8 步： 祝贺你，画出了一个科赫雪花！（图 9）

图7：擦去每个新等边三角形的底边。

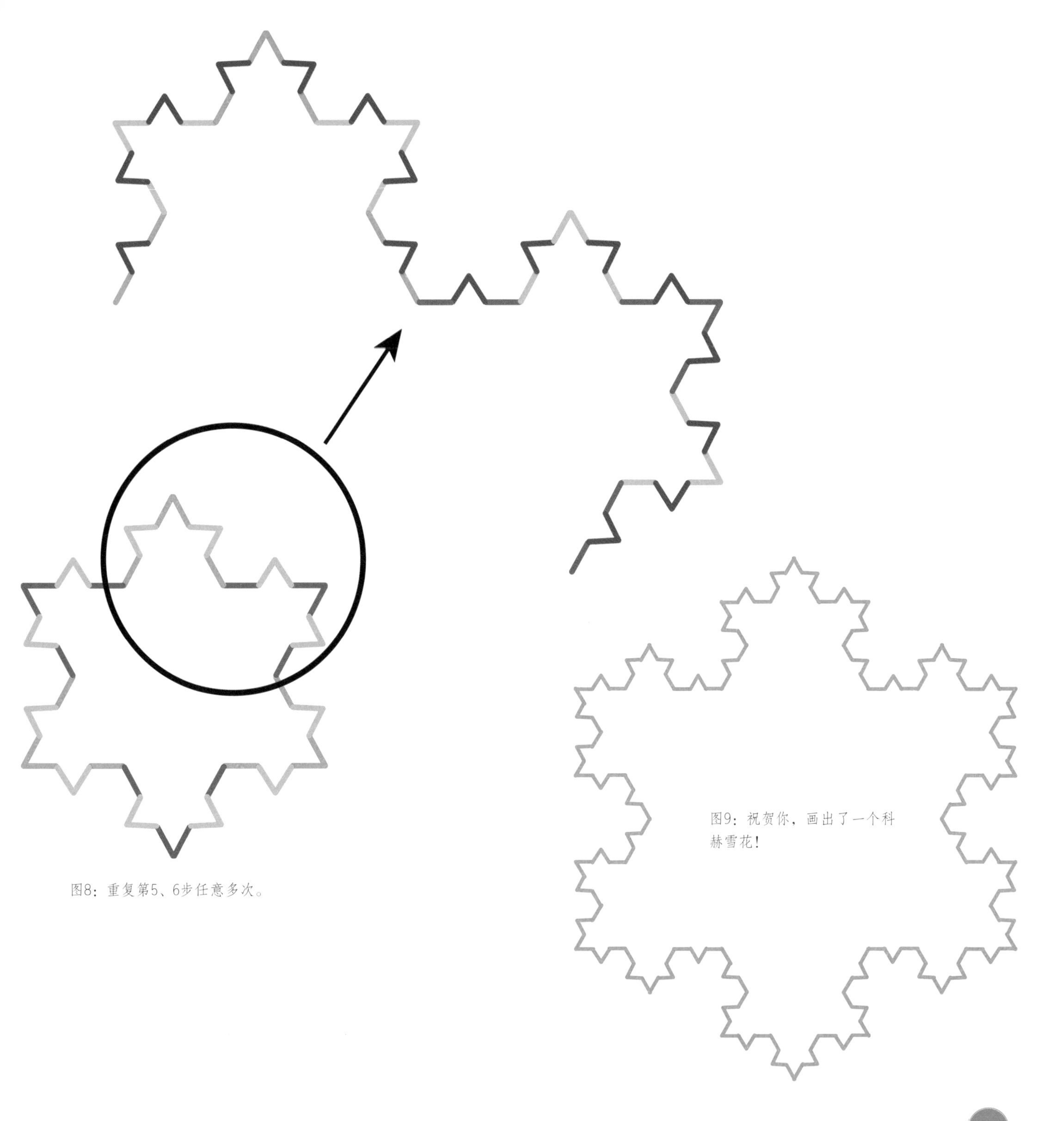

图8：重复第5、6步任意多次。

图9：祝贺你，画出了一个科赫雪花！

实验 21

画正方形分形雪花

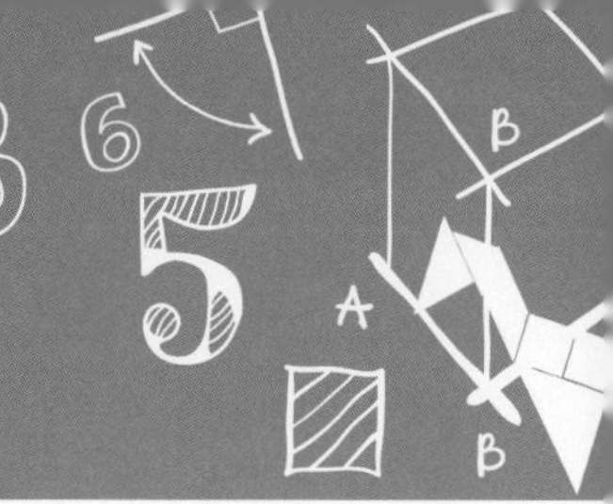

实验材料

→ 纸
→ 铅笔（不是钢笔）
→ 直尺（或卷尺）

试一试！

创作你自己的分形雪花

你能想出另一种能变为科赫雪花的形状吗？试试看！不要忘记给它命名。一个以你的名字命名的雪花，听起来就很棒，不是吗？

这是以法国数学家加斯顿·朱莉娅（Gaston Julia，1893–1978）提出的朱莉娅集为基础的分形的一部分。

分形雪花不总是以三角形为基础的。如果以正方形为基础时，会发生什么呢?

画一个正方形雪花

第 1 步： 画一个正方形，将它的每条边作三等分。（图 1）

第 2 步： 以第 1 步中每条边上标记的中段为底边，向外画正方形。（图 2）

第 3 步： 擦去刚加上的正方形的底边。（图 3）

第 4 步： 重复第 2 步至第 4 步任意多次。（图 4）

图1：画一个正方形，将它的每条边作三等分。
图2：以每条边中间的线段为底，向外作正方形。
图3：擦去新加的小正方形的底。
图4：重复第2步至第4步任意多次。

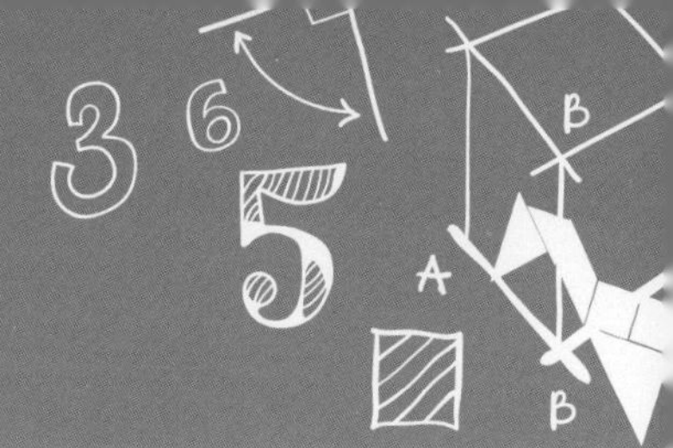

实验
22

探索科赫雪花的周长

周长是形状的边的长度之和。你能求出科赫雪花的周长吗?

实验材料

→ 实验 20 中的科赫雪花
→ 直尺（或卷尺）
→ 纸

求周长

第 1 步： 用尺量一下实验 20 中第 1 步所作的三角形的每条边的边长。把它们加起来，就是数学家说的周长。记下原先三角形（图 1）的周长，是 45 厘米，对吗？周长应该是 15 厘米 +15 厘米 +15 厘米。

第 2 步： 测量并记下实验 20 中第 4 步所作的形状（图 2）的周长。

第 3 步： 测量并记下实验 20 中第 6 步所作的形状（图 3）的周长。

第 4 步： 如果你加了更多的边到科赫雪花上，测量并记下它们的周长。

第 5 步： 你注意到什么了吗？如果你一直不断地加新的边，科赫雪花的周长会发生什么变化？能猜出来吗？

会发生什么？

每一步里，我们都会加越来越多的边到科赫雪花上。加的边越多，周长变得越大。所以，如果你不断地这样加边，周长也会不断地增大。结果是科赫雪花的周长变得无穷大。太令人惊奇了！

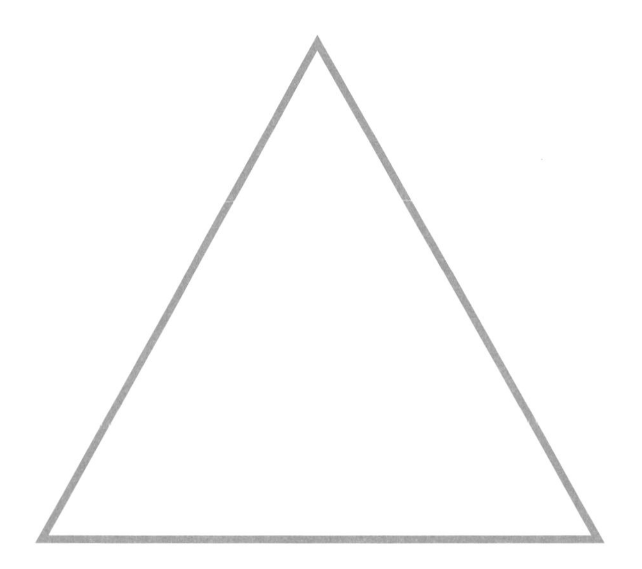

图1：测量实验20中第1步所作的原三角形的每条边的长度。

图2：测量并记下实验20中第4步所作的形状的周长。

图3：测量并记下实验20中第6步所作的形状的周长。

试一试！

科赫雪花的面积

你能估计出科赫雪花占据多大的空间吗？

提示：

- 你只要给出一个近似的答案，不需要精确的。
- 如果你想画出无限大的科赫雪花，是否需要一张更大的纸？
- 科赫雪花可以放在什么形状中？

奇妙的七巧板

七巧板于几百年前在中国被发明。传说一位皇帝的侍者失手掉落一块珍贵的砖，砖碎成七片。当侍者试图重新拼这块砖时，发现能将这七片砖片拼成许多美丽的形状。

七巧板拼图有点像通常的拼图，不同处在于每次只能用同样的七块板来创作出不同的形状。除了有趣外，七巧板拼图还能够培养问题解决能力、发展几何直觉、增强模式识别和设计的能力。

如何用同样的七块板拼出一个正方形及一个中间缺掉一部分的正方形（如下图）？

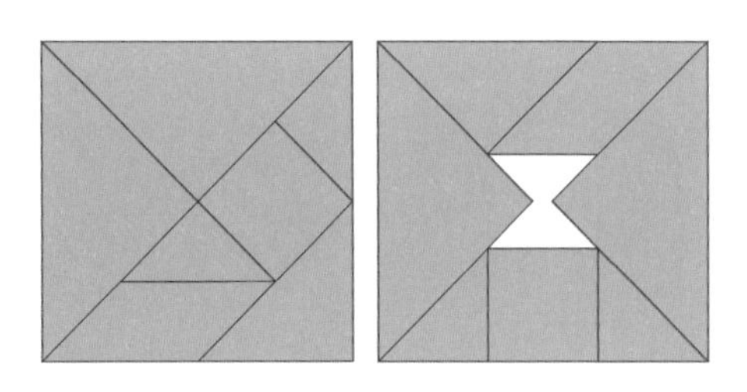

实验 23 七巧板初级

实验材料

→ 一副七巧板

注：在第131页有七巧板模板，可以剪下使用。如果想要更耐用的七巧板，在网上很容易买到。

七巧板的规则

1. 每个拼图游戏都要用全七块板。
2. 试着用不同的组合，使七巧板拼得和图片一致。
3. 可能需要翻转七巧板中的某些板来拼图。
4. 遇到困难时，可以从我们的网站下载原尺寸的拼图图案，这样就可以把七巧板放在图案里面来试拼，使拼图游戏更容易完成。

七巧板智力拼图游戏总是用相同的七块板来拼图案。

七巧板游戏开始

答案在第 142 页。

第 1 步：你能用七块板拼出一只蝙蝠吗？（图 1）

第 2 步：你能用七块板拼出一只长颈鹿吗？（图 2）

第 3 步：你能用七块板拼出一架直升机吗？（图 3）

第 4 步：你能用七块板拼出一只乌龟吗？（图 4）

第 5 步：你能用七块板拼出一只兔子吗？（图 5）

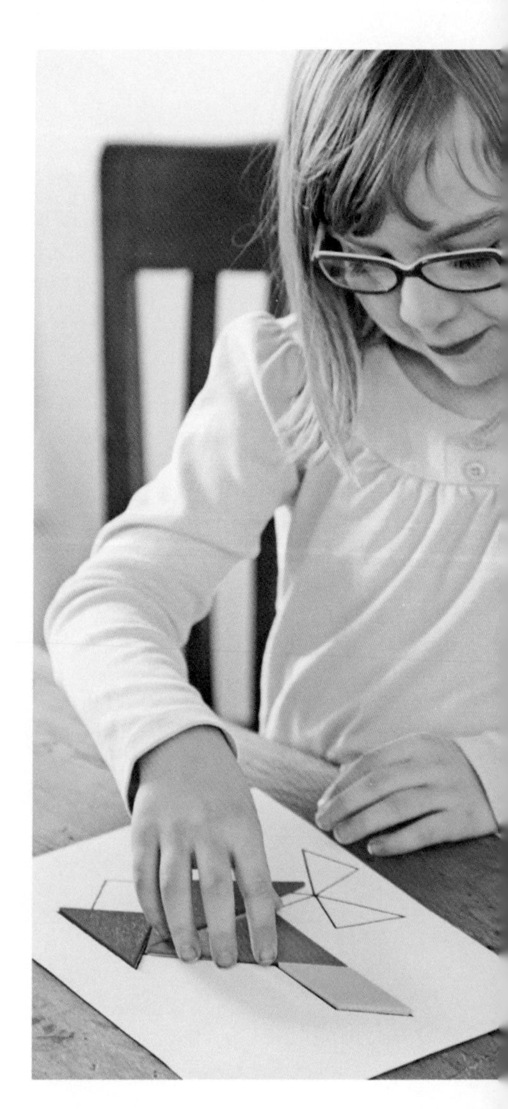

图1　图2　图3

图4　图5

实验
24
七巧板中级

实验材料

→ 一副七巧板（第 131 页）

注：可以在网站mathlabforkids.com上下载原尺寸的拼图底图使用。

还可以用七巧板拼什么？

七巧板拼图水平第二级

答案在第 142 页。

第 1 步：你能用七块板拼出一只猫吗？（图 1）

第 2 步：你能用七块板拼出一只狗吗？（图 2）

第 3 步：你能用七块板拼出一支蜡烛吗？（图 3）

第 4 步：你能用七块板拼出一支火箭吗？（图 4）

第 5 步：你能用七块板拼出一个正方形吗？（图 5）

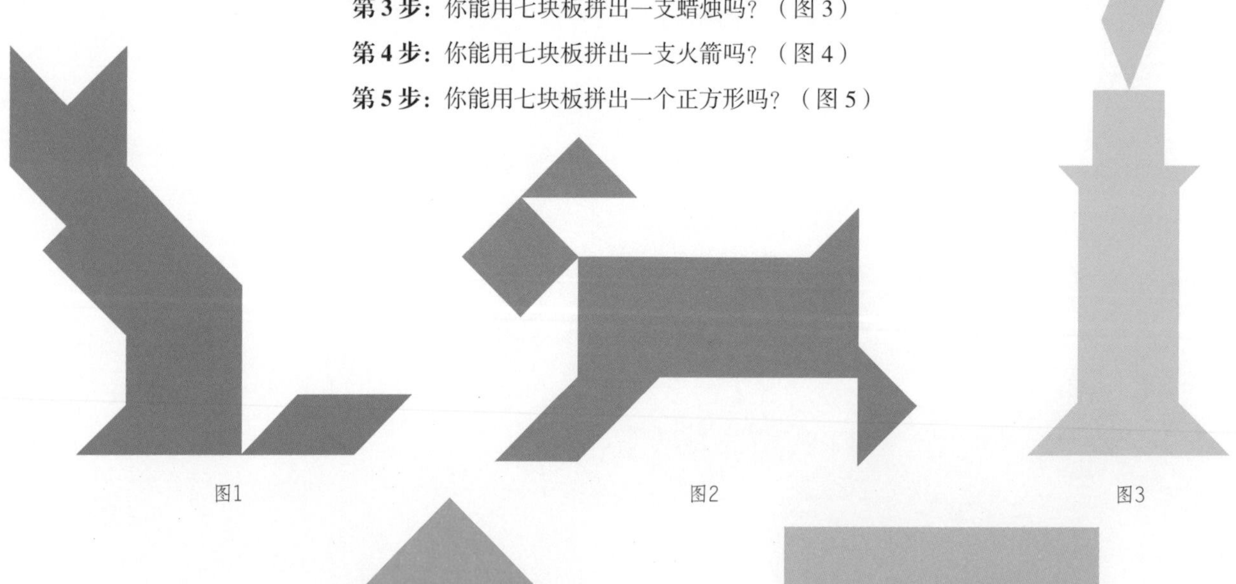

图1 图2 图3

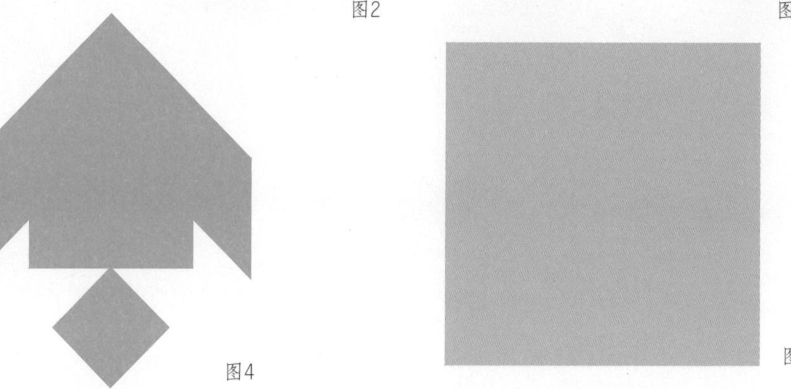

图4 图5

数学见面会

七巧板聚会

自己做一幅七巧板智力拼图比你想象中的要容易，以下是两种方法。

方法 1

1. 将七巧板放在纸上，移动七巧板直到拼出一个喜欢的图案。
2. 在纸上勾出轮廓。
3. 给这个图案取个名字。
4. 邀请你的朋友们试着用七巧板拼出这个图案。

方法 2

1. 想一个想要做的图案，看看你和你的朋友是否能拼成。例如，能否用七巧板拼成英文字母表中的每一个字母？或阿拉伯数字 0–9？或三角形？
2. 一旦拼出了你喜欢的图案，在纸上勾出轮廓。
3. 和你的朋友互相交换拼出七巧板图案。

实验材料

→ 一副七巧板（第 131 页）
→ 铅笔
→ 纸
→ 至少两人

实验 25 七巧板高级

让我们把七巧板提升到一个全新的水平！

实验材料

→ 两副七巧板

注1：在第133页有两副七巧板模板，可以剪下使用。

注2：可以在网站mathlabforkids.com上下载原尺寸的拼图底图使用。

七巧板挑战

第 1 步： 你能用七块板拼出一座房子吗？（图 1）

第 2 步： 你能用七块板拼出一只船吗？（图 2）

第 3 步： 你能用七块板拼出一个箭头吗？（图 3）

第 4 步： 你能用七块板拼出一个双箭头吗？(图 4)

第 5 步： 你能用两副七巧板拼出两座桥吗？（图 5）

第 6 步： 你能用七巧板拼出两个和尚吗？（图 6）这个拼图图案是英国数学家亨利·欧内斯特·杜登尼 (Henry Ernest Dudeny, 1857–1930) 创造的。两个和尚看上去似乎一样，但其中一个没有脚（每个和尚用一副七巧板）。

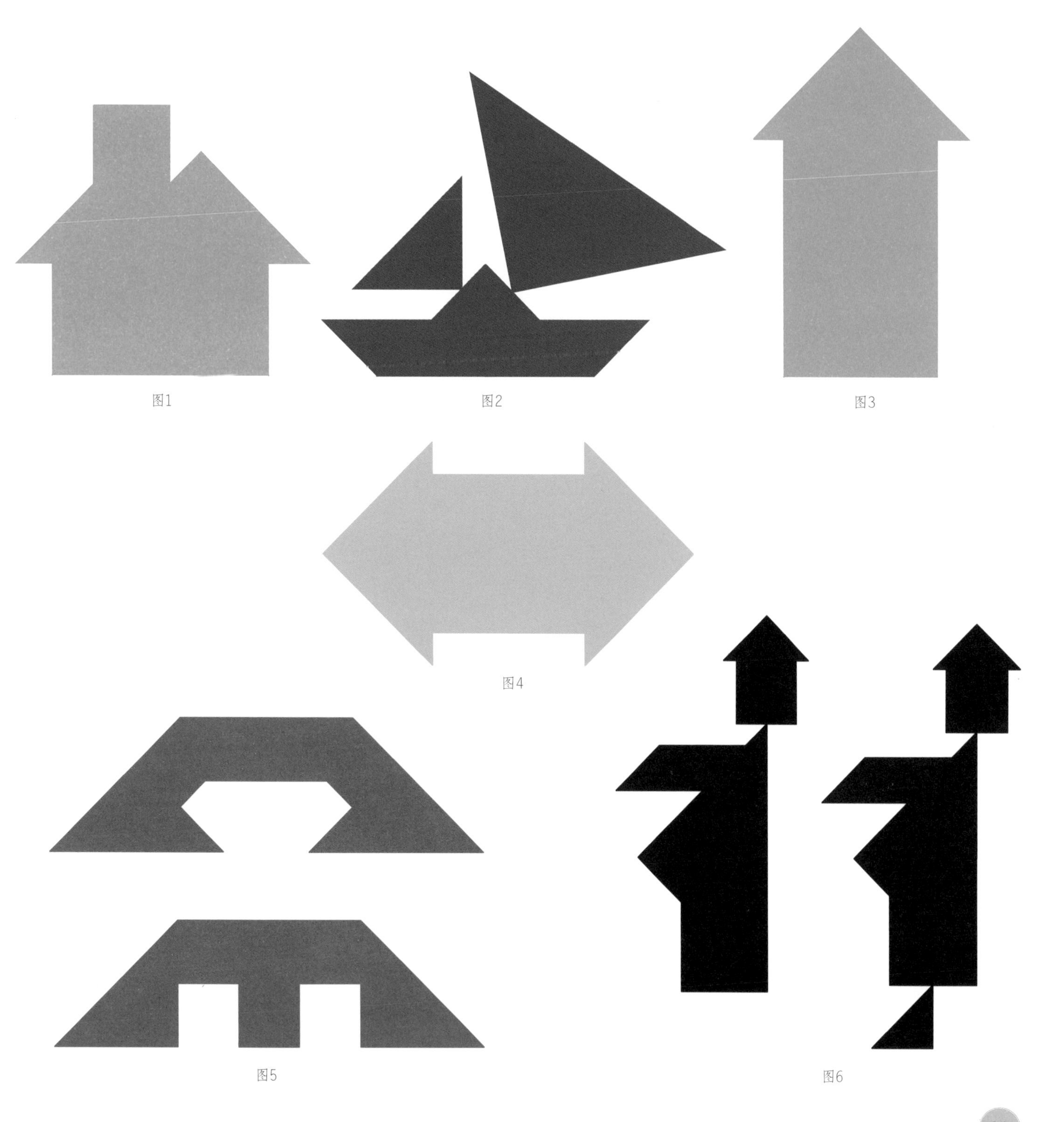

图1 图2 图3

图4

图5 图6

火柴棍智力拼图

火柴棍智力拼图要求按照一些规则，把给定的小棍（或棒）的式样重新摆成另一种式样。其难易程度差别极大，对于鼓励孩子边想边玩看看会出现什么结果，继而发展数学思维而言，是很好的益智题。

除了有趣外，这些智力拼图还能够培养遵循规则、认识形状和计数的能力。做这类题目通常运用试错法，因此也能极好地培养孩子对问题解决的自信，因为你可以不断地尝试，直至找到一个有效的解决办法。当你不知道答案时，乐于不断尝试是应该具备的最重要的数学能力之一。

在这图中，你能找到多少个三角形？

（提示：答案比6大）

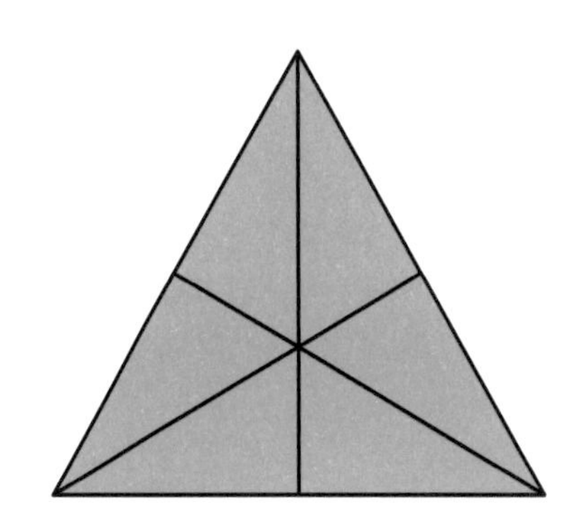

实验 26 火柴棍智力拼图初级

实验材料

→ 冰棍棒（或火柴棍、牙签）

一起来玩火柴棍智力拼图。从图中所示的形状开始，然后按照说明变换出新的形状。

活动 1：谜题练习

提示：如果一个智力拼图题没明确说拼图中的正方形或三角形必须是同样大小的，那么它们的大小可以不同。

第 1 步：从智力拼图中移走 2 根棒，留下 2 个正方形。（图 1）

第 2 步：得到的形状是 2 个正方形（图 2），但它们是有重叠的。（图 3）

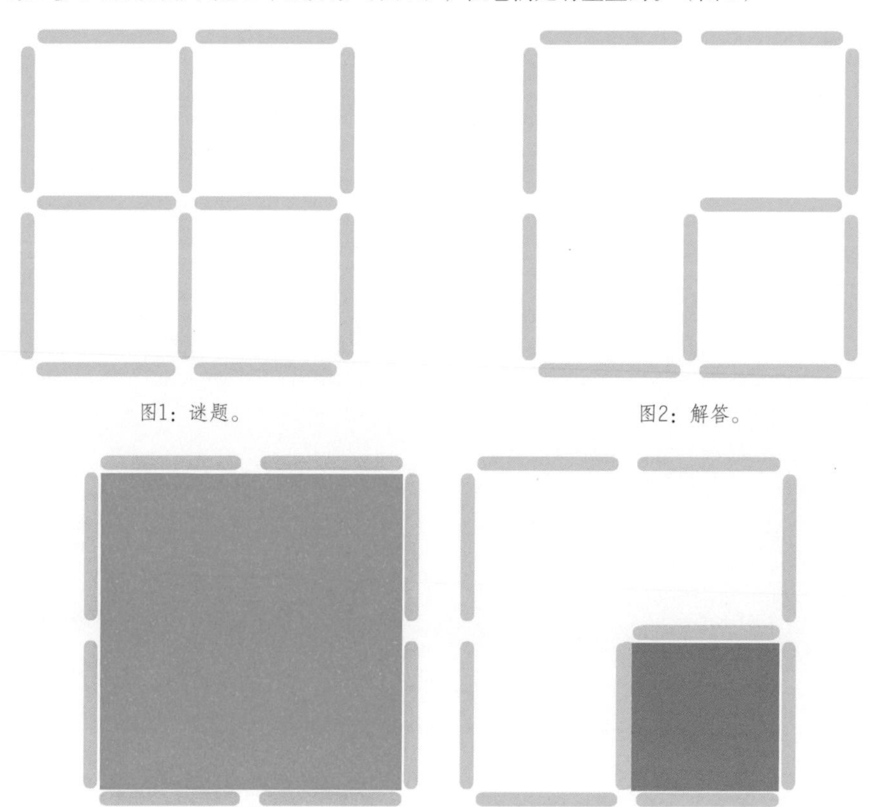

图1：谜题。

图2：解答。

图3：两个重叠的正方形。

活动 2：谜题初级

答案在第 143 页。

第 1 步： 在原始拼图上移动 2 根棒，得到 2 个同样大小的三角形。（图 4）

第 2 步： 在原始拼图上移动 2 根棒，得到 2 个同样大小的正方形。（图 5）

第 3 步： 原始拼图是 5 个三角形。（你能把它们都找出来吗？）去掉 2 根棒，正好留下 2 个三角形。（图 6）

第 4 步： 在原始拼图上移动 3 根棒，得到 5 个正方形。（图 7）

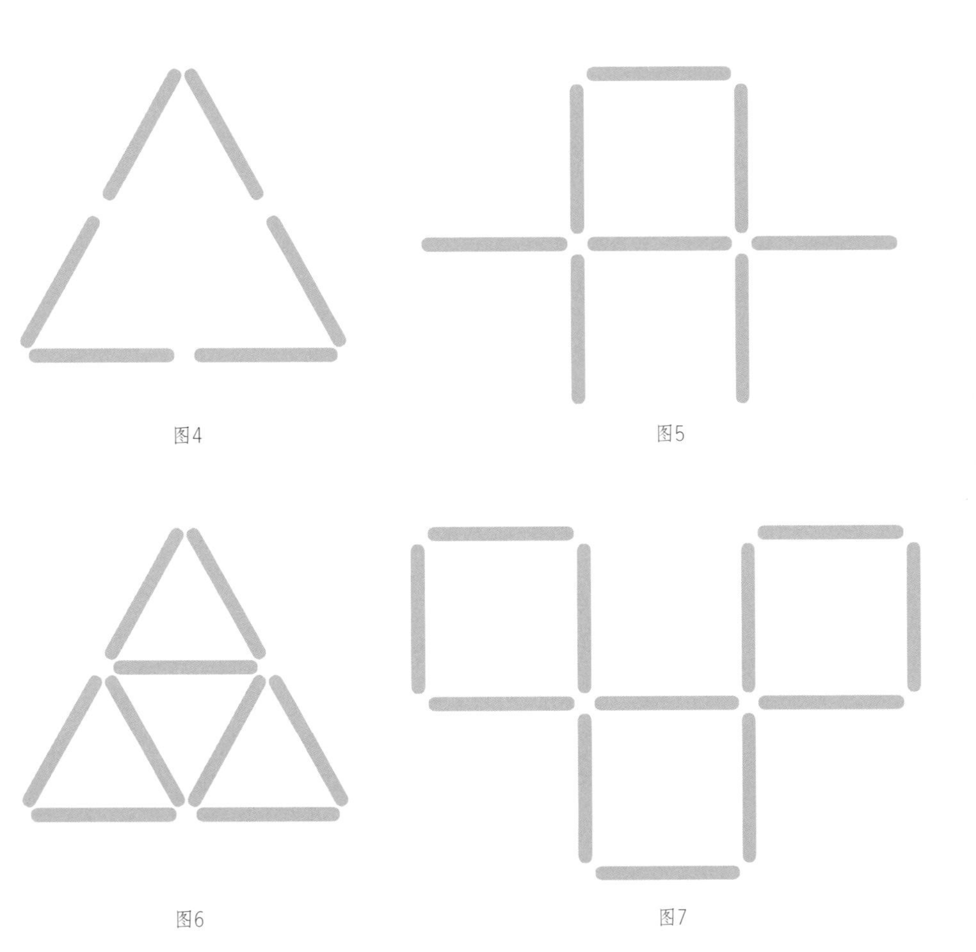

图4

图5

图6

图7

数学技巧

试错法

当你解谜题却无从着手时，这个技能可以提供帮助。在不确定怎样开始求解一个问题时，可以使用试错法。

这个解决问题的方法包括试着做一些事情——任何事情——甚至当你认为这不行时，然后仔细地检查结果，看看发生了什么。如果这结果不是你想要的，再回到开始，试一试其他的方法。不断地试（不断地仔细查看结果！）直到找到解答或想出了问题的原理，并由此引出一个更有效的方法来求解。

例如，如果一个谜题要求是“移去 2 根棒形成一个特别的结果”，开始解谜时可以从谜题中拿走任意 2 根棒。看看剩下的是什么形状？这是谜题的答案吗？如果不是，放回棒，再拿走 2 根不同的棒试试。要不断地尝试直至成功！

实验 27 火柴棍智力拼图中级

实验材料

→ 冰棍棒（或火柴棍、牙签）
→ 珠子（或硬币，用于鱼智力拼图）

下面这些智力拼图有点难哦！从图示的智力拼图开始，按照说明来变换形状吧。

图1

试着做更复杂的智力拼图

答案在第 143–144 页。

第 1 步： 原始拼图是两个小菱形。移动 4 根棒，变成一个大菱形。（图 1）

第 2 步： 你能移动 3 根棒，把螺旋形变成 2 个正方形吗？（图 2）

第 3 步： 拿走 3 根棒，变成 4 个相同大小的正方形。你能想出方法实现：拿走 4 根棒，变成 4 个相同大小的正方形吗？（图 3）

第 4 步： 移动 2 根棒，变成 4 个相同大小的正方形。（图 4）

第 5 步： 原始拼图是向右游的鱼。不移动鱼的眼睛，你能移动 2 根棒，使得鱼向上游吗？（图 5）

第 6 步： 拿走 4 根棒，变成 4 个相同大小的三角形。（图 6）

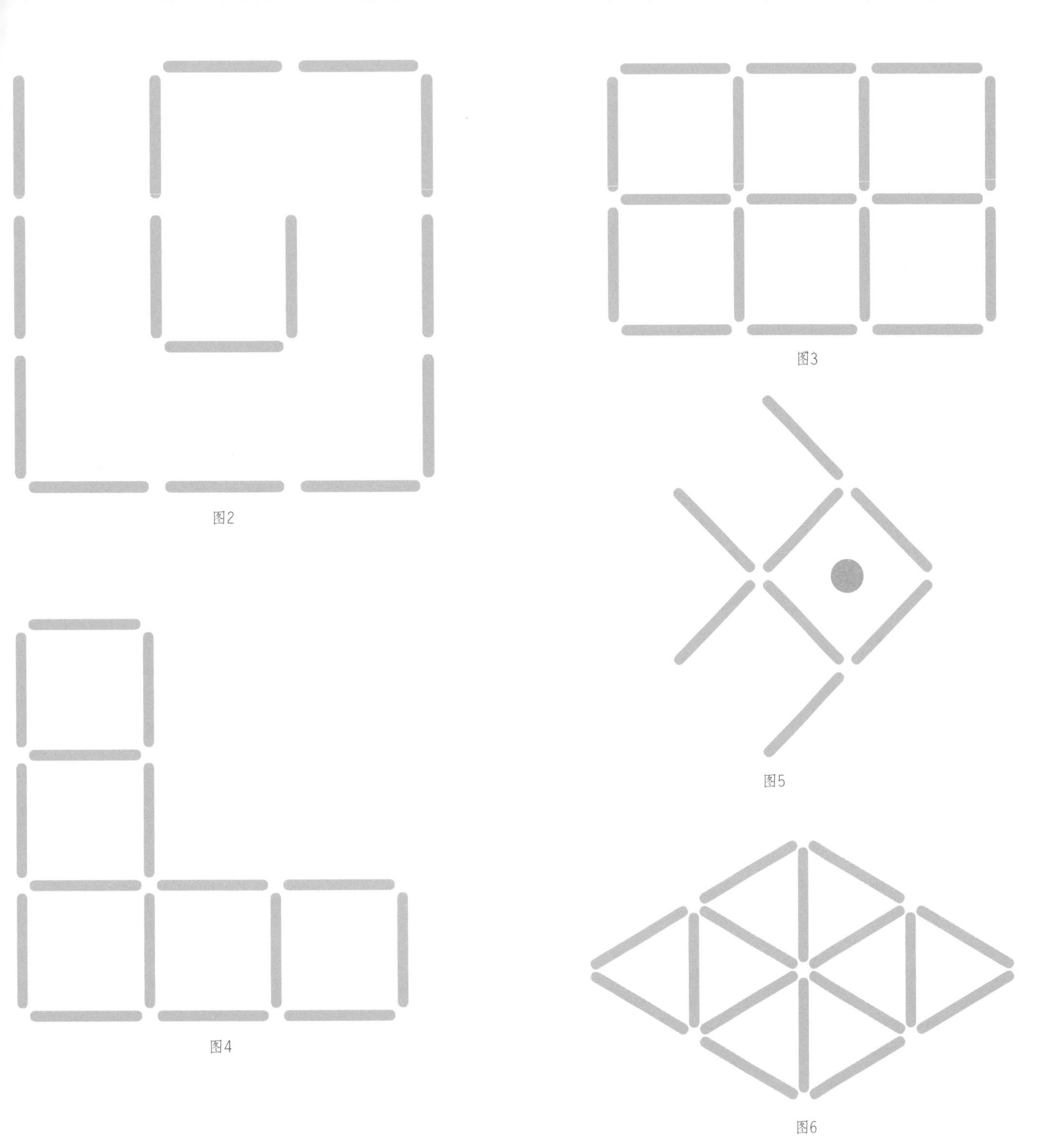
图2
图3
图5
图4
图6

实验28 火柴棍智力拼图高级

实验材料

→ 冰棍棒（或火柴棍、牙签）
→ 石子（或珠子、硬币，用于杯子谜题）

数学见面会

创作你自己的智力拼图

用你设计的题目难住朋友和家人：

1. 把牙签摆成一种形状。
2. 拿走或移动牙签，得到新的形状。
3. 如果你不满意改动后获得的新形状，回到第1步再试！

智力拼图制作者通过试验大量的形状来创作智力拼图题目。当你发现一个喜欢的智力拼图题目时，可以画出原始的形状，写下玩这个智力拼图的要求说明并在另一张纸上画出答案。然后和其他人分享你的智力拼图题吧。

下面是更费脑筋的智力拼图！原始拼图如图所示，然后按照要求来改变形状吧。

智力拼图派对

答案在第144页。

第1步： 本题为一图双题。（图1）

- 移动4根棒，变成3个相同大小的正方形。
- 移动2根棒，变成2个矩形。

第2步： 原始拼图有5个正方形（图2），移动2根棒，变成4个相同的形状且无正方形。

第3步： 移动4根棒，变成2个箭头，每个箭头是开始时的一半大小。（图3）

第4步： 开始时球在杯内（图4），移动2根棒，使球变成在杯外。杯的大小与形状不变，且不要移动球的位置。

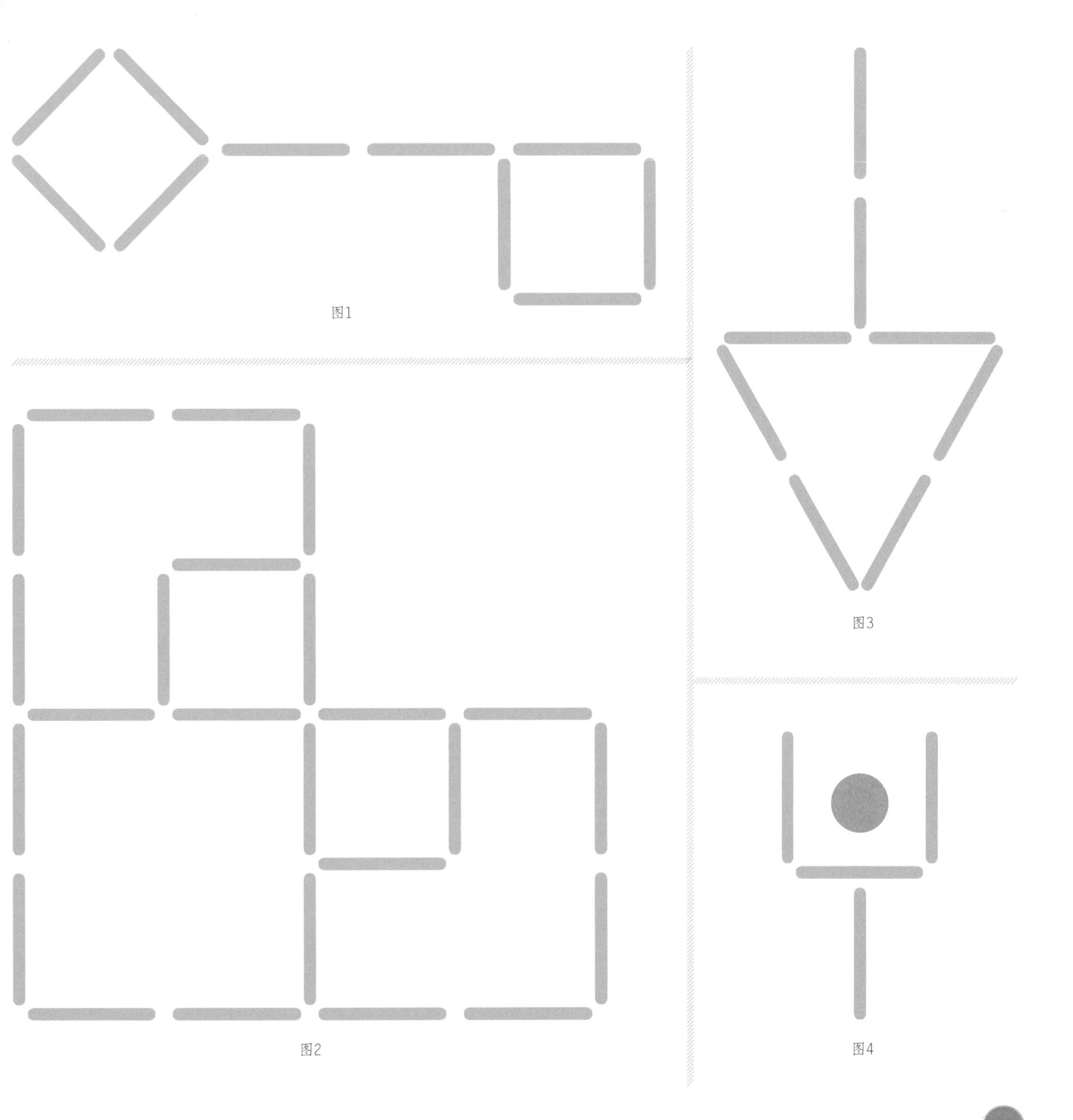

图1

图2

图3

图4

尼姆游戏

人们相信尼姆游戏是最早被发明的游戏之一。这个游戏最早可能出现在1000多年前的中国。现在，全世界都在玩着它的不同版本。你认为你喜欢的游戏在1000年后仍会流行吗?

当你和某人玩一个数学游戏时，你并不是要打败对手，而是通过共同协作获得通关并找出获胜的策略，所以你们应当分享彼此的想法而不是保守秘密。

人们有时会问：游戏是怎样成为数学的？数学游戏具有很长的历史，而数学中有一个完整的领域称为博弈论。游戏提供了检验直觉、加深数学理解以及实践问题解决策略的机会。当玩家注意到模式、关系及获胜策略时，游戏可以呈现出数学思想。当然，游戏本身还能带来乐趣，自然地提供发展数学推理能力的机会。

一旦你想出正确的策略，玩井字游戏将永远不会输。
如果你还不知道这个必胜策略，现在就试着把它想出来。
如果你已经知道如何永远赢得井字游戏，
那么是否还有其他需要你像数学家那样思考的游戏?

实验 29 学习玩尼姆游戏

实验材料

- → 至少 20 个同样的物品（例如：硬币、积木、牙签、珠子或豆子）
- → 两位游戏玩家

在这个实验中，我们将学习如何玩一个叫做尼姆的游戏，并且想出每次都赢的方法。

活动 1：学习简单的尼姆游戏

第 1 步： 我们从一个较为简单的尼姆游戏开始。

- 甲把珠子分成任意几堆，但每堆要有 1、2 或 3 颗珠子。
- 乙决定谁先走。
- 两人轮流走。每次走，只能在其中一堆中拿走 1 颗或多颗珠子（允许拿走整堆珠子）。
- 拿走最后珠子的人获胜。

第 2 步： 用以上规则和一个对手玩尼姆游戏，至少玩五次来熟悉它的规则。开始游戏前，先看看扎克（甲）和阿兰娜（乙）的练习赛是如何开展的吧。（图 1–6）

欢迎家长参加这个游戏！

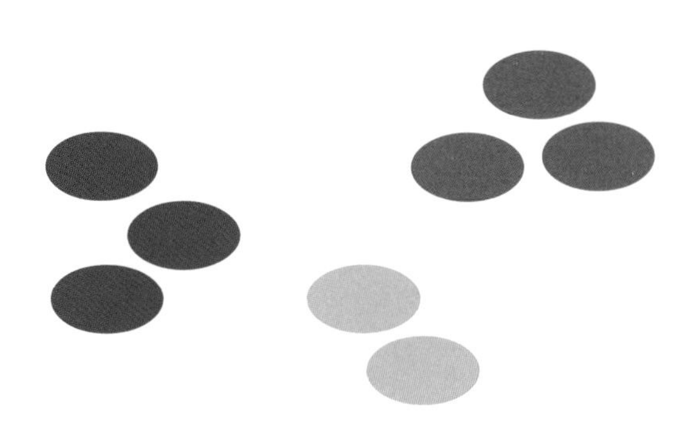

图1：甲把8颗珠了按颜色分成二堆。

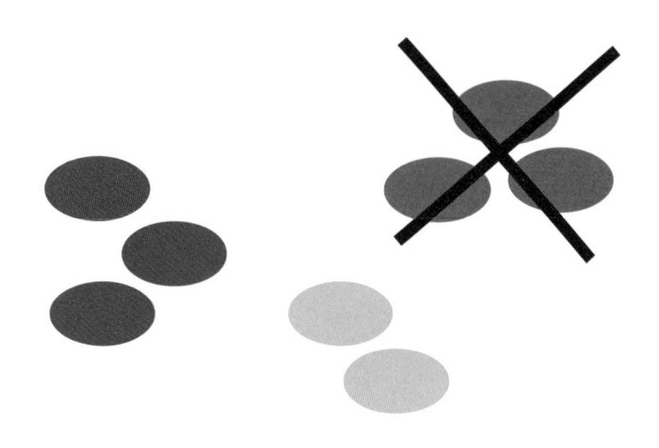

图2：乙决定先走，她拿走红色的3颗珠子。

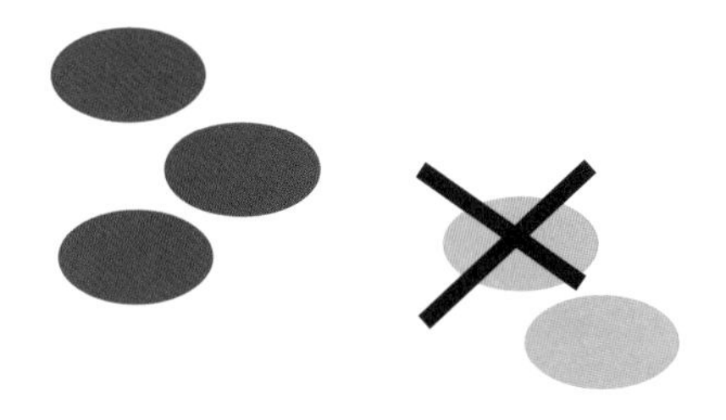

图3：接着甲拿走1颗绿珠子。（此堆剩1颗绿珠子）

图4：然后乙拿走1颗紫珠子。（此堆剩2颗紫珠子）

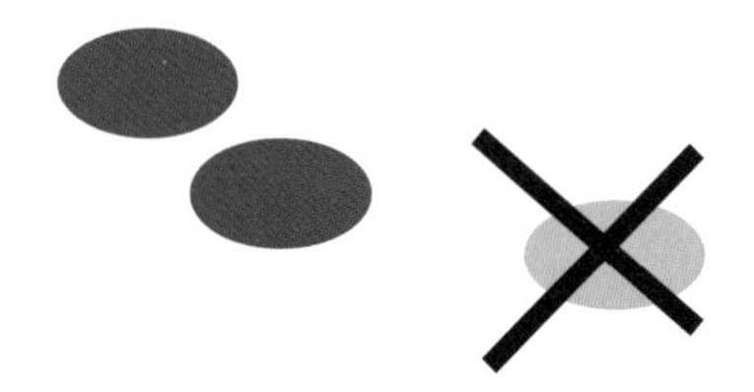

图5：接着甲拿走最后1颗绿珠子。

图6：最后乙拿走剩下的2颗紫珠子，乙赢了。

数学技巧

先试简单的情况

在研究一个问题时，数学家常常先解决这个问题较易解决的部分。等完全理解了简单的问题，再看看解决简单问题的策略是否可以应用于原来的较难问题。在这个单元中我们先玩简单的尼姆来得到策略及模式，再在后面几个实验中学习完整的规则。

活动 2：超简单的两个变体

变体 1：只用两堆珠子玩五次游戏

在此变体中，我们修改第 100 页上的第一条规则，将珠子分为两堆，每堆 1、2 或 3 颗珠子。和同伴玩五次游戏。看看你和同伴是否能发现必胜的策略。

变体 2：玩以下五个预设的游戏

试着玩以下各局游戏。(图 1–5)每个游戏至少玩两次，这样每个人都有机会做甲和乙。你能为每个游戏想出必胜的策略吗？答案在第 145 页。

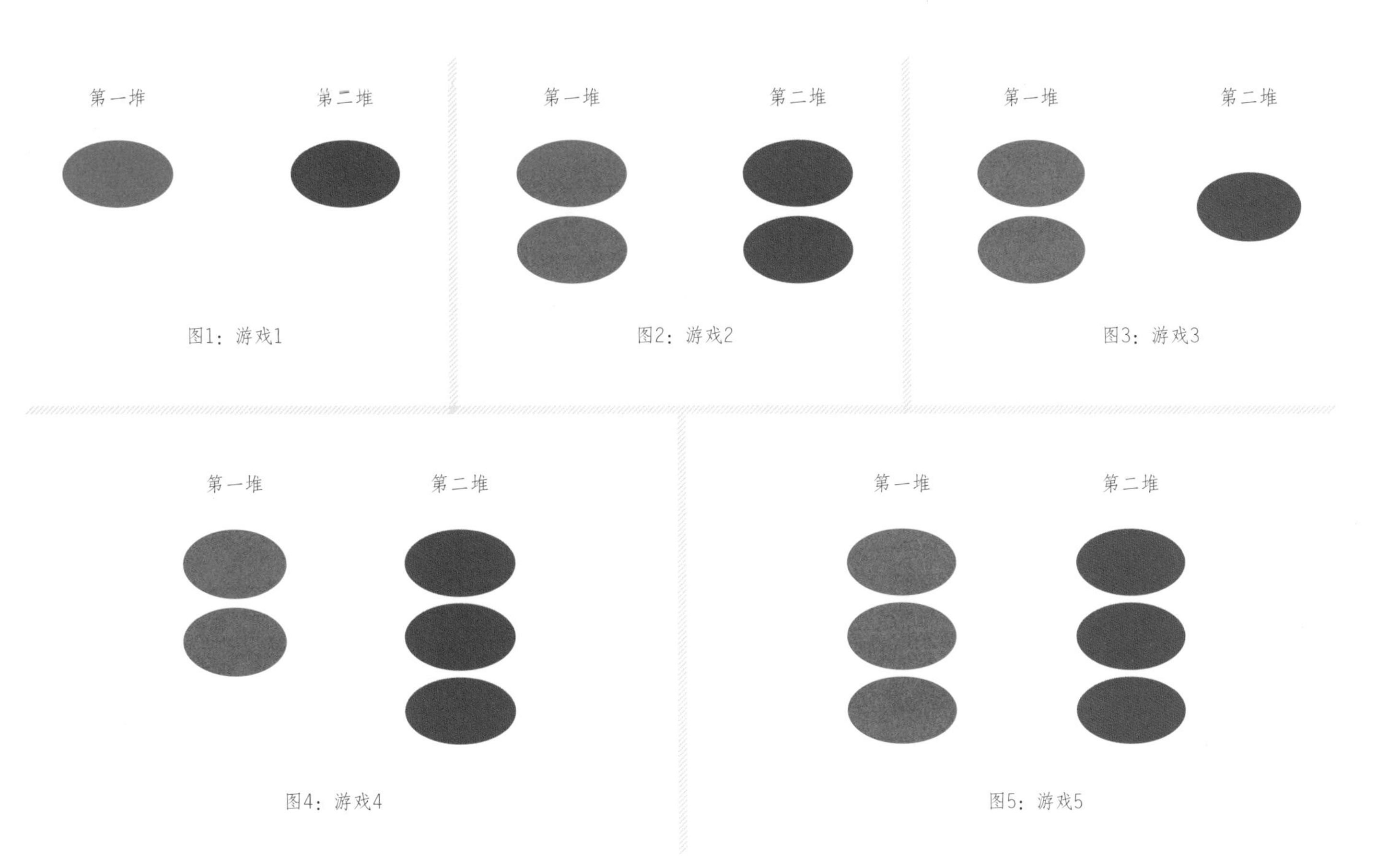

实验 30

必胜尼姆：学样策略

实验材料

→ 至少 20 个相同的物品（例如：硬币、积木、牙签、珠子或豆子）
→ 两位游戏玩家

在只有两堆珠子的游戏中，你可能注意到必胜的策略是：让两堆珠子保持相同数量。那么，不管你的对手怎样拿，你总能在另一堆中拿走同样多的珠子。

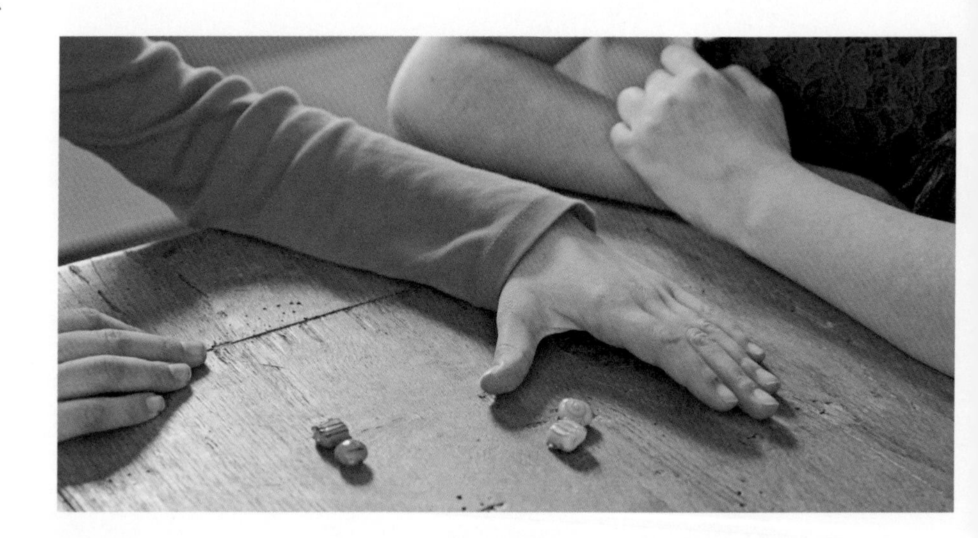

学样策略

乙喜欢按甲的方法走来惹恼甲。只要轮到乙，乙总是拿和甲刚刚拿的一样多的珠子。例如，甲拿两颗珠子，乙也这样。其例见下页。

- 甲给出一局游戏，乙要求后走。（图 1-4）
- 如果甲在第一回拿走 3 颗珠子的一堆，乙也拿走 3 颗珠子的一堆，则乙也能赢。你知道为什么吗?
- 你看到了吗？不管甲如何走，乙可以学甲的样走，从而获胜。
- 试着用这个学样策略多玩几次尼姆游戏。

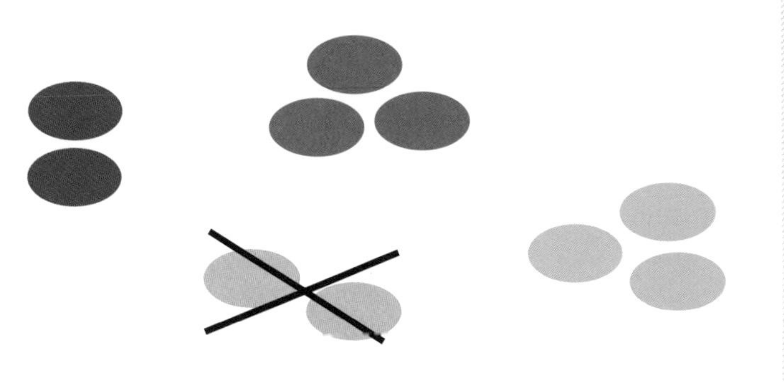

图1：第一回，甲拿走2颗绿珠子。

图2：第二回，乙拿走2颗紫珠子。

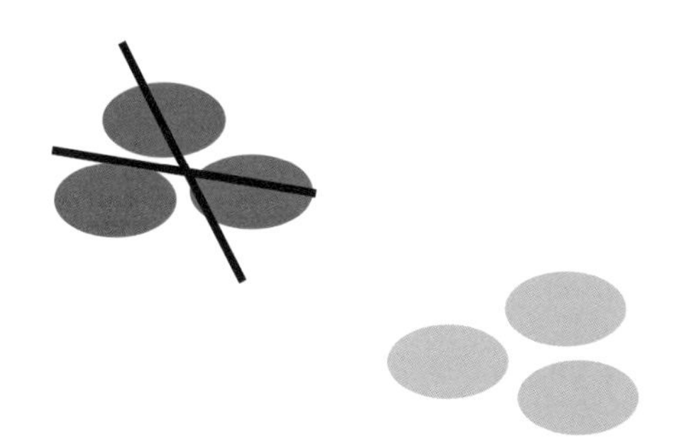

图3：第三回，甲拿走3颗红珠子。

图4：第四回，乙拿走3颗黄珠子，乙赢了。

实验 31

必胜尼姆：设置学样局面

实验材料

→ 至少 20 个相同的物品（例如：硬币、积木、牙签、珠子或豆子）

→ 两位游戏玩家

乙的学样策略（第 104 页）能成功，只是因为相同个数的堆数都是偶数（2 个的两堆，3 个的两堆）。如果乙不能单纯地学甲的样，就要走一步使得下次可以学样。

设置学样局面

以下是采用学样策略的另一种情况。

- 第 1 步：甲拿走 2 颗黄珠子。(图 1)
- 第 2 步：乙拿走 2 颗红珠子。（图 2）
- 第 3 步：甲拿走 2 颗紫珠子的一堆。（图 3）
- 第 4 步：乙拿走 2 颗绿珠子的一堆。（图 4）
- 第 5 步：甲拿走 1 颗红珠子。（图 5）
- 第 6 步：乙拿走 1 颗黄珠子，乙获胜。（图 6）

如果甲的游戏布局如图 7，该怎么办呢？乙应当选先走，然后拿走新的只有 1 颗的那一堆，接下来乙就能总是学甲的样走，并最终获胜。

试着用你刚学的方法多玩几次尼姆游戏吧。

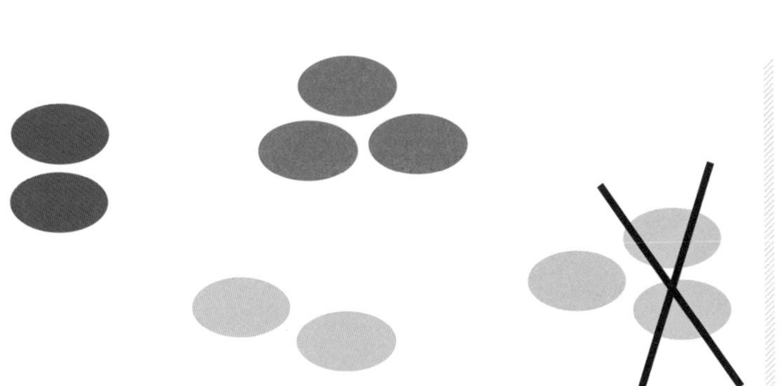

图1：甲拿走2颗黄珠子。

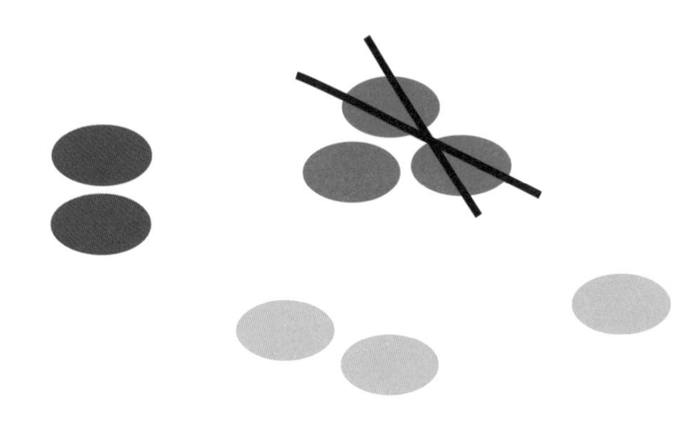

图2：乙拿走2颗红珠子。

图3：甲拿走2颗紫珠子的一堆。

图4：乙拿走2颗绿珠子的一堆。

图5：甲拿走最后1颗红珠子。

图6：乙拿走最后1颗黄珠子，乙获胜。

图7：另一盘游戏，如果乙先走并拿走蓝珠子，再学甲的样走，就能赢甲。

实验32 必胜尼姆：1+2=3策略

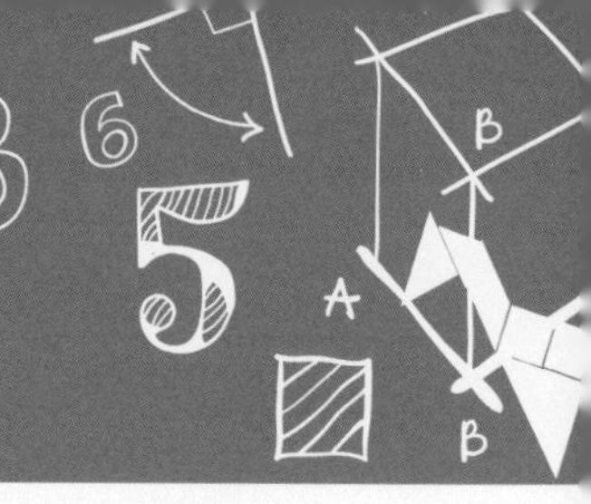

实验材料

→ 至少20个相同的物品（例如：硬币、积木、牙签、珠子或豆子）
→ 两位游戏玩家

在实验30中，我们学习了学样策略。在实验31中，我们学习了如何布局使游戏可以使用学样策略。现在要学习：不管你的对手怎么走，你都能使用学样策略。

学样策略：1+2=3

试着和你的对手玩图1的游戏。这次，乙同样想出了一个必胜的方法。和你的对手玩几次这个游戏，试着想想乙的技巧是什么。

解答思路

第1步： 关键是得到一个学样局面。让你的对手先走，如果你对手拿走红的一堆，你就拿走1颗紫的，那么只剩下两堆，每堆1颗，你将获胜。

第2步： 如果对手拿走紫的或绿的一堆，你就从红的一堆里拿同样个数的珠子。那么游戏又变成了成对的情况。

所以3颗珠子的一堆总可以和1颗珠子的一堆及2颗珠子的一堆相互制约。

试一试！

完整的尼姆规则

在这个单元中，我们玩的是简化的尼姆游戏，就是说每堆不能多于3颗珠子。原始的尼姆游戏中，每堆的珠子数是任意的。如果你玩完整的尼姆游戏，会有更多的技巧——正如你刚学到的那个一样——等待你去发现。

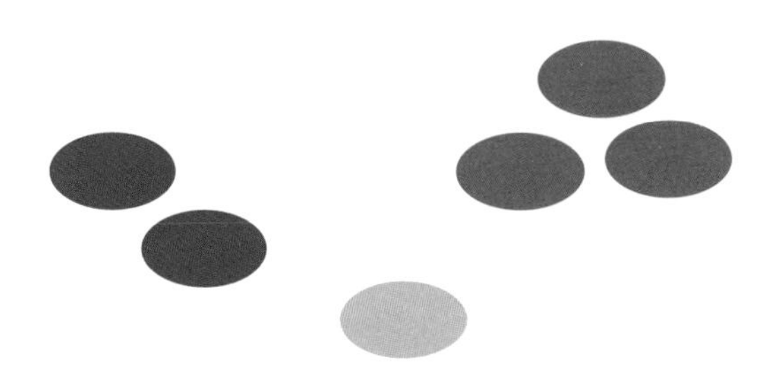

图1：新的一局尼姆游戏。

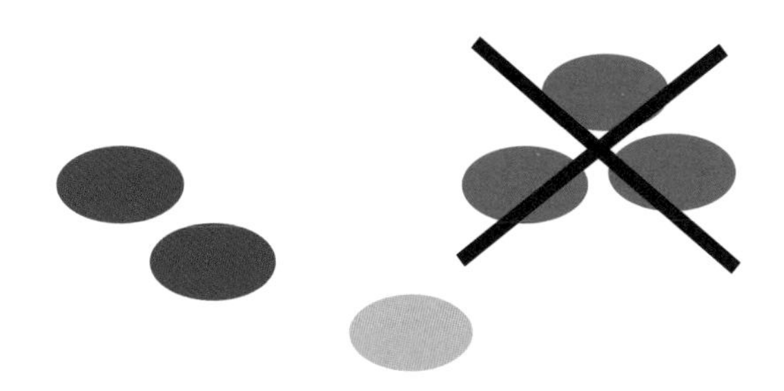

图2：对手拿走红的一堆。

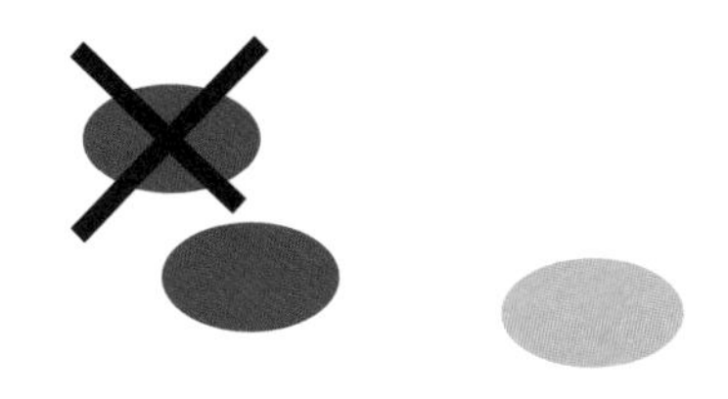

图3：你拿走1颗紫的。

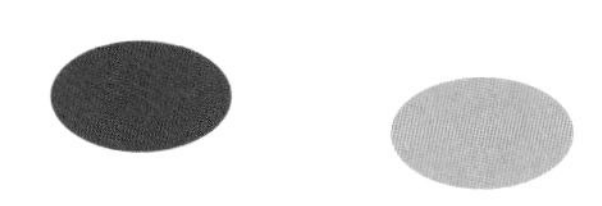

图4：两堆各剩下1颗珠子，意味着你将获胜！

图5：对手拿走紫的一堆。

图6：你从红色堆中拿走相同个数的珠子。

图7：剩下的堆都是成对的。

图 论

图论研究的是事物如何相互关联。包括在你屋子里的多台计算机之间以及它们与互联网之间是如何连接的，如何选择发电厂的地址以便有效地给城市提供电力，如何选择快餐店的最佳地址不让人们离他们喜爱的垃圾食品太远，如何计划飞机航班的飞行路线，等等。

1736年，数学家莱昂哈德·欧拉（Leonhard Euler）解决了哥尼斯堡桥问题（见下），在研究的过程中发明了图论。

最著名的图论问题之一涉及城市哥尼斯堡，它位于一条河的两岸。
它有两个岛，由七座桥连接城市的其他部分。
市民互相挑战，看谁能找出一条路径，恰好在经过每座桥一次后回到出发地。
你能找出这样一条路径吗？

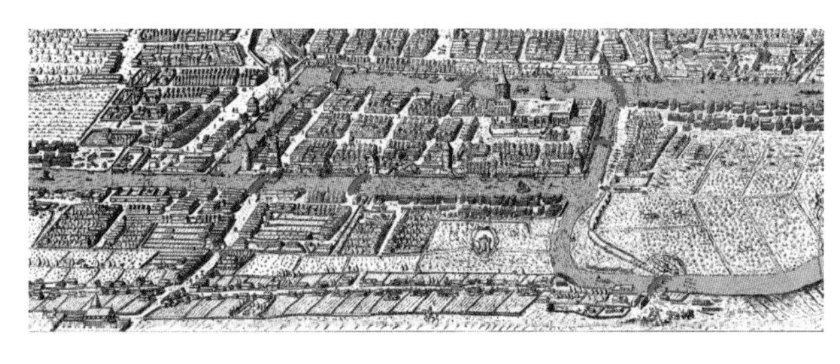

实验
33
欧拉回路

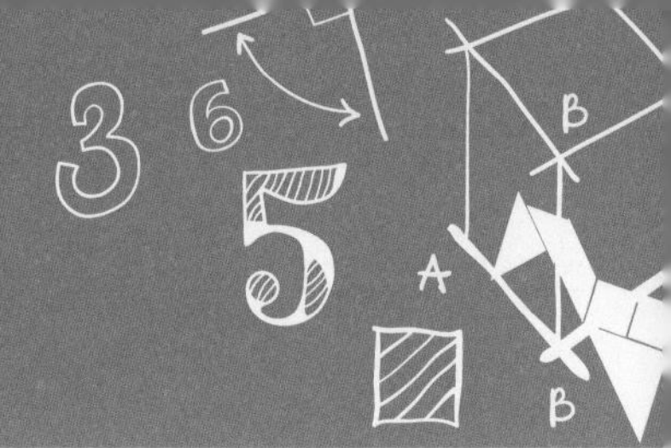

实验材料

→ 铅笔
→ 纸（可将第 135 页剪下或复印使用）

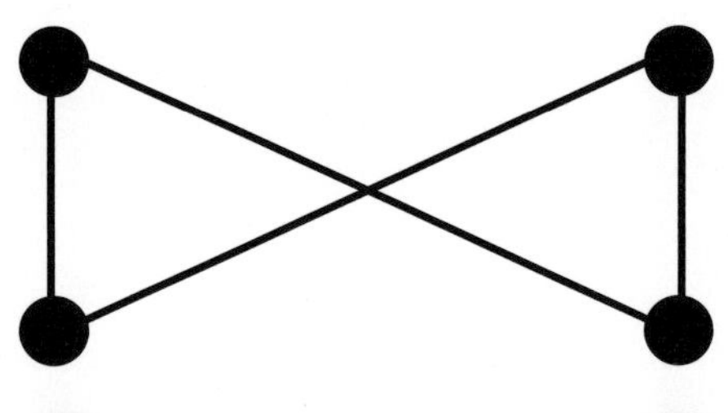

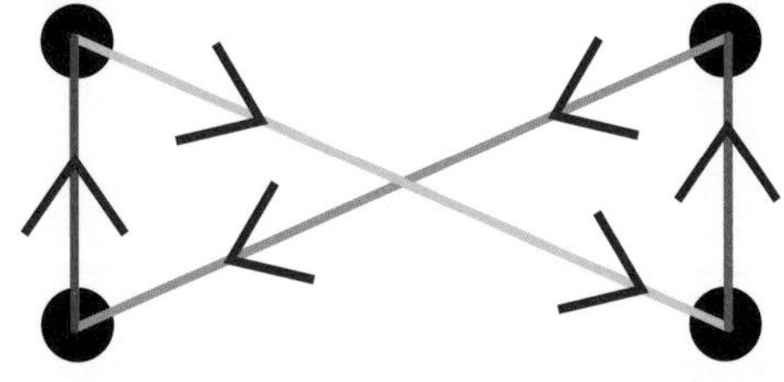

用铅笔按箭头的方向沿着 8 字图形走回到原地，其间不提笔，这称为一笔画。

数学知识

数学中，图是由一个点（称为顶点）的集合，以及连接这些点的线（称为边）组成的。也可以把一个顶点看成一个角。注意，线不必是直的。

学习如何一笔画图。用一笔画出左上边的 8 字图，按左下图的箭头方向画图。

描绘欧拉回路

在这个实验中我们画的是走过图的每条边一次后回到出发点的一条路，数学家称之为欧拉回路。

要点： 允许穿过线但同一条边只能走一次。

第 1 步： 你能一笔画五角星吗？（图1）

第 2 步： 右边各图（图 2–6）都可以一笔画出，你会画吗？

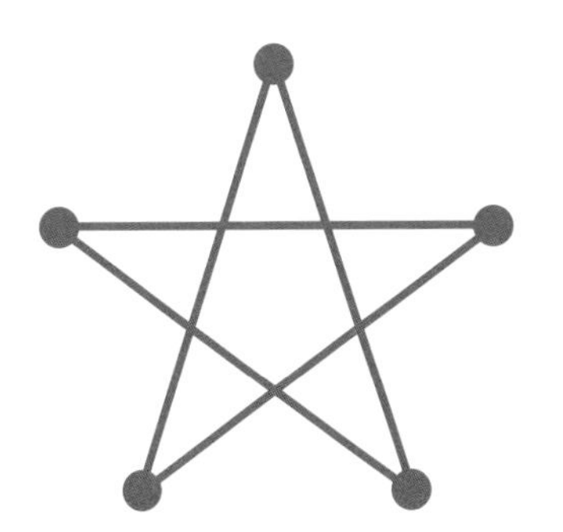
图1：五角星。

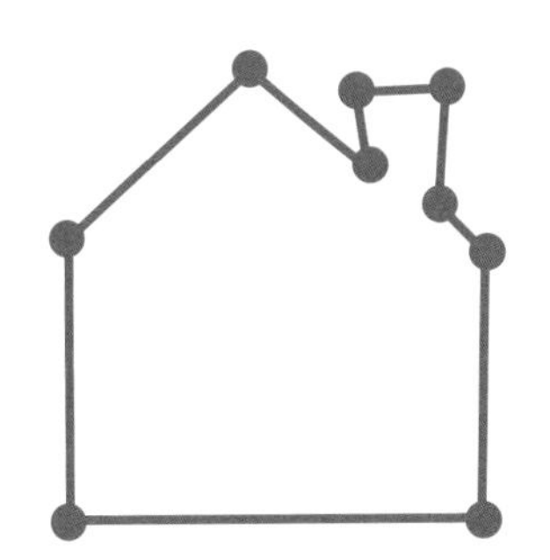
图2：简单房子。

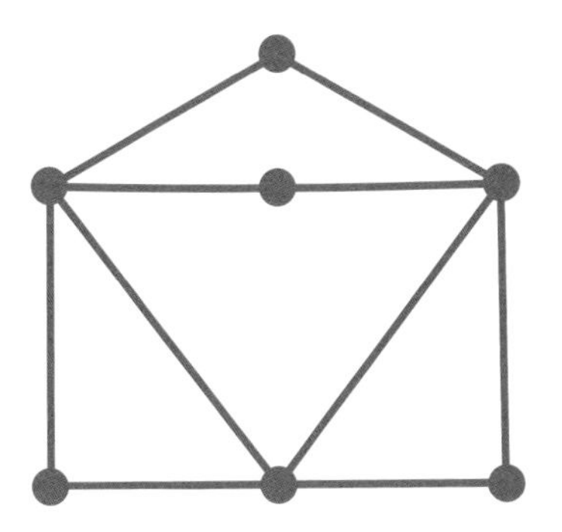
图3：打开的信封。

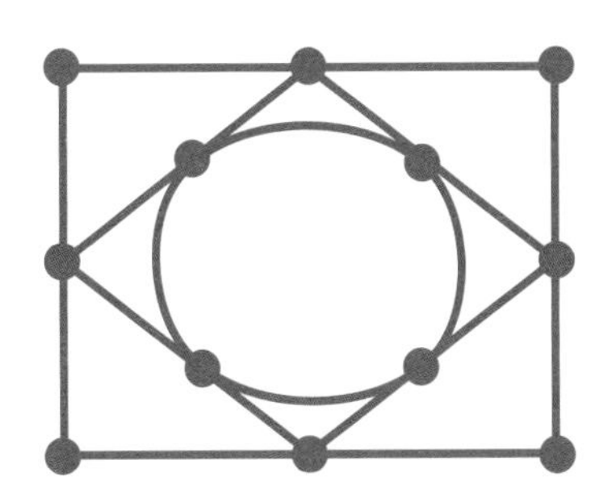
图4：嵌套形状。

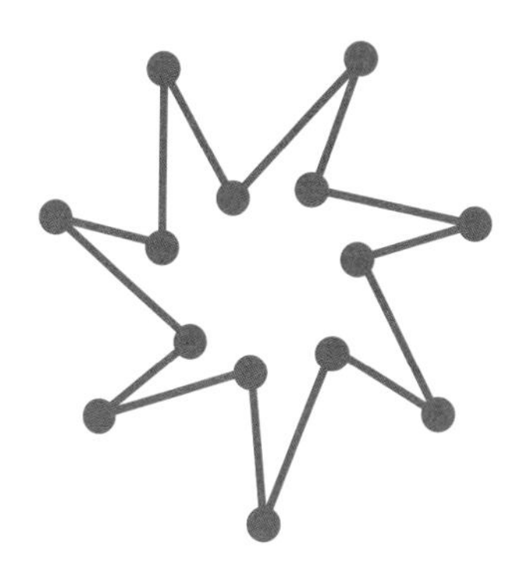
图5：七角星。

图6：外翻的七角星。

金芳蓉（Fan Chung）

金芳蓉是出生在台湾地区的美国数学家。她是加州大学圣地亚哥分校的数学与计算科学的特聘教授。她主要的研究领域是图论，包括像互联网那样非常大的网络的图。在大学里她遇到很多女数学家，她们都讨论数学并且互相帮助，这鼓励她成为了一名数学家。金芳蓉说：“从某人那儿来的一个好的问题常常会把你向正确的方向推进，然后你就会得到另一个好问题。你结交了朋友还分享了快乐。”

电网图
德里克·本赞逊（Derrick Benzanson）与金芳蓉摄

实验 34

欧拉回路揭秘

对于数学上神秘的欧拉回路，你有什么发现？

实验材料

→ 铅笔

→ 纸（可将第 136 页剪下或复印使用）

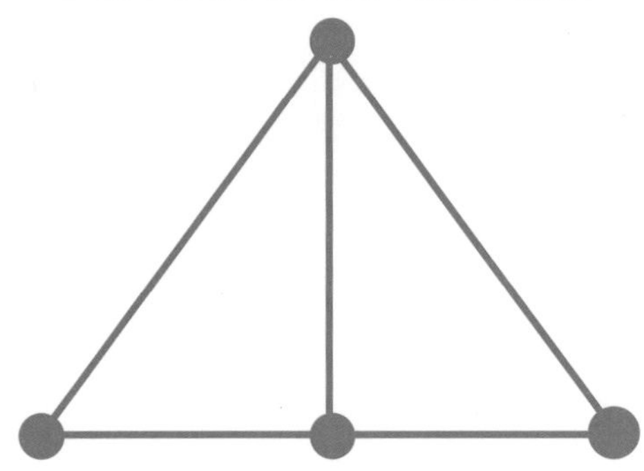

图1：无欧拉回路的三角形图。

秘诀

在实验 33 中，我们发现了创建欧拉回路的三条规则：

1. 在同一顶点开始和结束。
2. 不提起笔。
3. 不重走边。

在这个实验中，我们将学到关于判定一个图形是否有欧拉回路的简单方法。

第 1 步： 按照创建欧拉回路的规则，你将无法画出图 1 的形状。试试看，你会发现这是不可能完成的。

第 2 步： 图 2–6 怎么样？其中一些图形有欧拉回路，另一些则没有。给有欧拉回路的图形画圈，没有的图形打叉。

第 3 步： 正如我们发现的，有些图形没有欧拉回路。你能想出一个规则来区别一个图是否有欧拉回路吗？

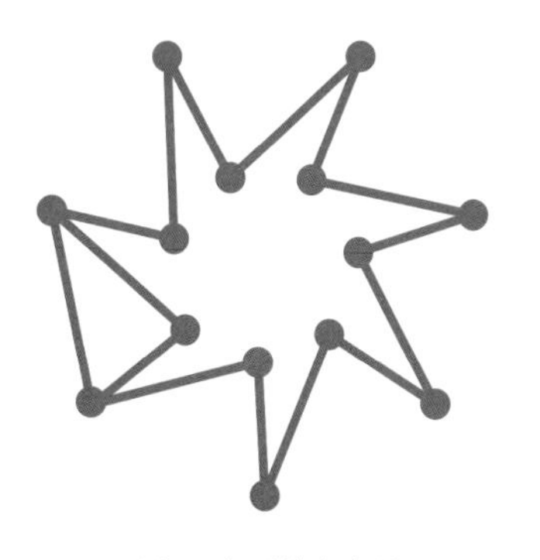

图2：变形的七角星。

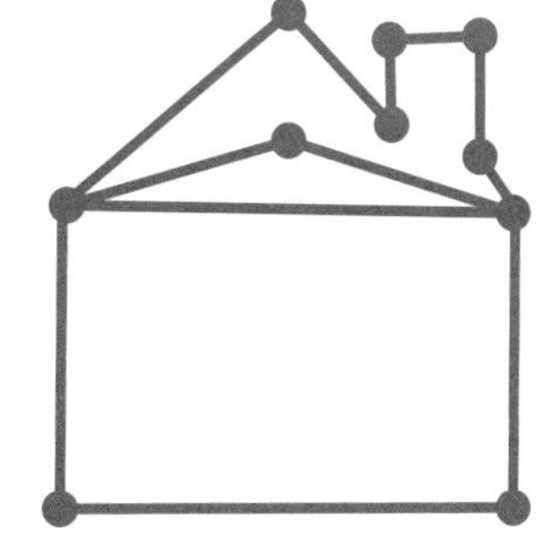

图3：豪宅。

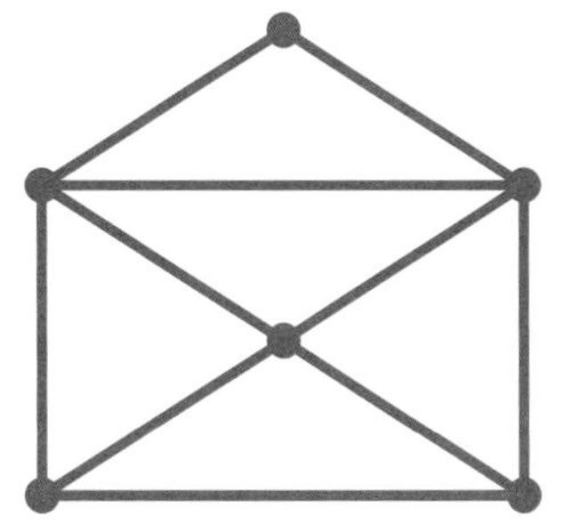

图4：信封。

图5：类似于立方体的形状。

图6：火箭。

发生了什么？

对于实验 33 和 34 中的每个图形，写出从每个顶点出发到另一顶点的边数。（提示：实验 33 的每个图均有欧拉回路）例如：

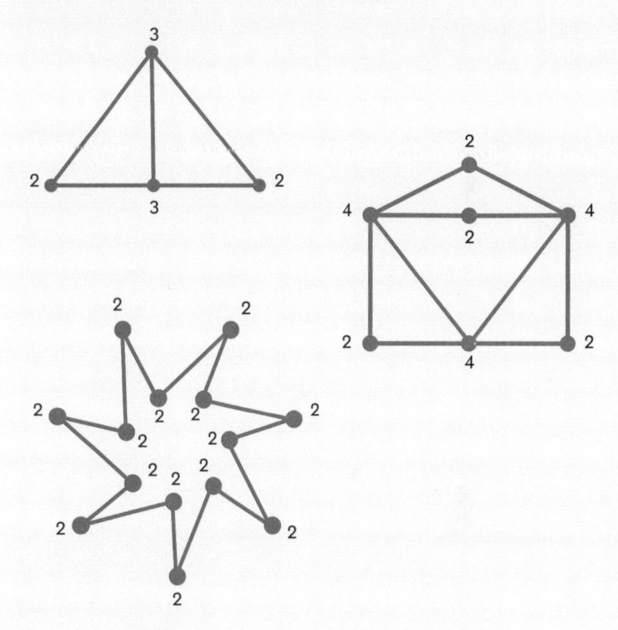

你看懂这些图形了吗？有欧拉回路的图形有什么共同点？没有欧拉回路的图形有什么共同点？好好想一想。

以下是答案：如果有欧拉回路，那么每当你走到一个顶点，你会从另一边离开，直到你回到起点。即在每个顶点，必定有偶数条边。如果一个顶点连接了奇数条边，你可以不假思索地知道这个图形没有欧拉回路。一个激动人心的发现是：如果一个图形的每个顶点均有偶数条边，那么这个图形肯定有欧拉回路。

实验 35 哥尼斯堡桥

实验材料

→ 哥尼斯堡地图（见下图）
→ 铅笔

发生了什么？

即使你找不到一条恰好只经过每座桥一次再回到起点的路，并不表示这种路不存在。要解决这个问题，我们必须证明不会有这种路。在这个实验中，我们将学习怎样来进行数学证明。

既然你们已经知道了图论的这么多知识，我们来求解第 111 页“想一想”中的哥尼斯堡桥问题。

从地图到图

第 1 步： 把以下地图转换为图，如图 1 所示。每个你能到达的区变成图中的一个顶点。两区之间的每座桥变为图中连接两顶点的一条边。

第 2 步： 哥尼斯堡桥问题就变成了寻找我们画的图上的一条欧拉回路的问题。你能在此图上找到一条欧拉回路吗？如果你被这个问题卡住了，请看下一步。

第 3 步： 嗯，可能这个图就没有欧拉回路。在每个顶点处标上与该点连接的边数。（图 2）

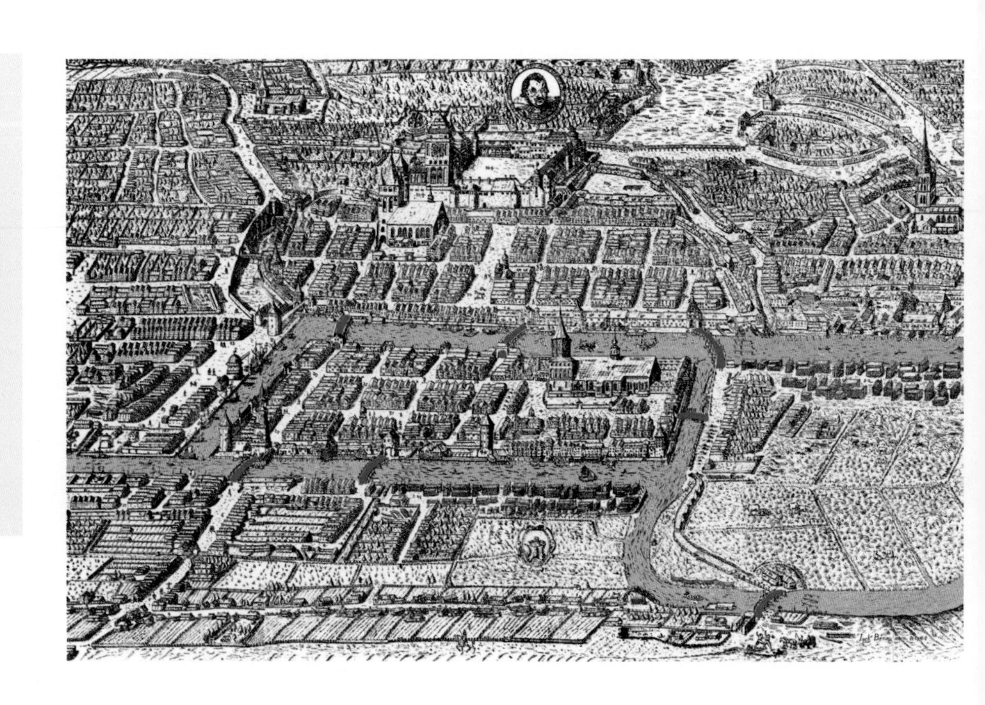

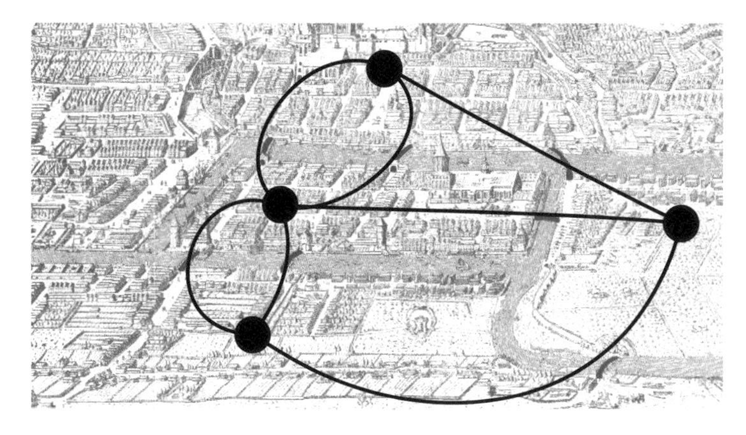

图1：把地图转化为图。

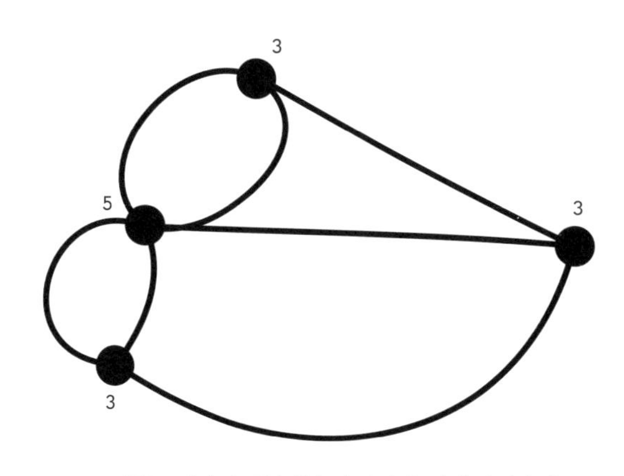

图2：在每个顶点处标上与之相连的边的条数。

现在我们知道这个问题的答案了！这个图没有欧拉回路。记得吗？在实验 34 中，我们知道了如果有任一顶点连接奇数条边，则该图没有欧拉回路。而这个实验中的图上所有的顶点都连接奇数条边。祝贺你！你刚刚应用了一次反证法。

数学技巧

反证法

数学证明是用一系列的逻辑论证来说明某事是真的。有很多种证明方法。在本单元中，我们来探索其中的两种（见实验 36）。

反证法用一系列的论证来说明：如果一件事是真的，则意味着第二件事也是真的。我们的技巧是，如果我们能证明第二件事实际上是错的，那么可以说明第一件事也是错的。

例如，对于哥尼斯堡桥问题，我们知道，若有一条路周游城市，对应的图将有一欧拉回路。我们也知道，如果该图有欧拉回路，则从所有顶点出发均有偶数条边。但是我们已知这个图上没有一个顶点有偶数条边。这表示不可能有经过每座桥一次再回到起点的路径。所以我们证明了不存在这样的路径。

实验 36 欧拉示性数

实验材料

→ 铅笔
→ 纸（可将第 137 页剪下或复印使用）

学习顶点、边与区之间的一个重要的关系。

数顶点、区及边

早些时候，我们说过图是由点集（称为顶点）及连结点的线（称为边）组成的。你画的图把纸分成一些区，每个区被边包围。在图外面的部分也算作一个区。在下图中，有 10 个顶点（黑色）、7 个区（黄或绿色）、15 条边（蓝色）。

莱昂哈德·欧拉在他计算（顶点数 + 区数 – 边数）时注意到一件重要的事。

让我们来数一些图的顶点数、边数及区数，看看我们是否能发现欧拉注意到的事。

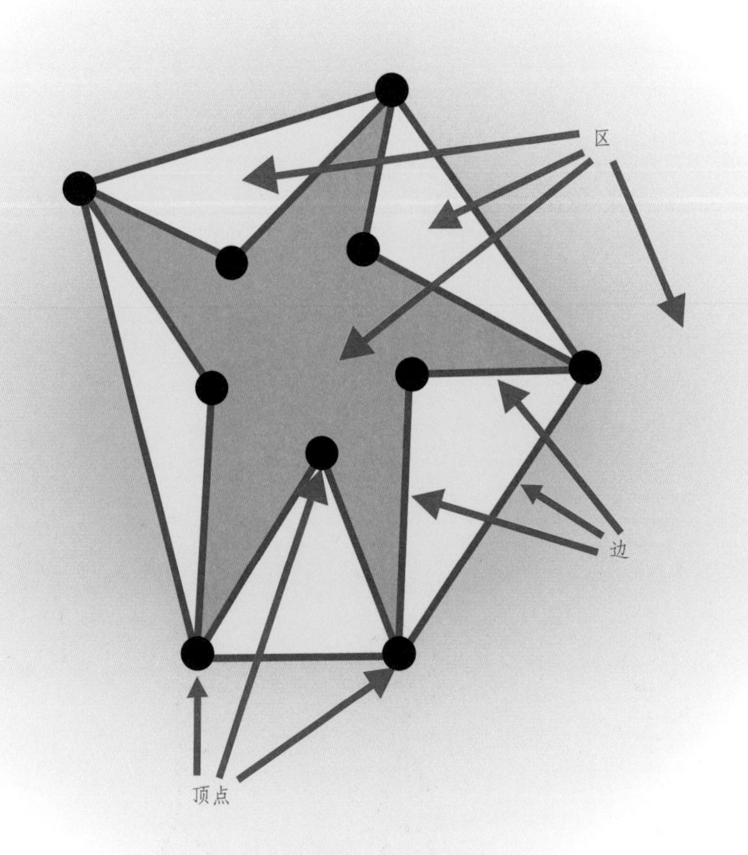

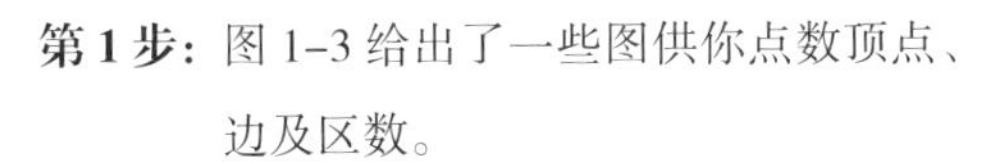

第 1 步： 图 1–3 给出了一些图供你点数顶点、边及区数。

数数看是否和我们数出来的一样！

要记得数外面的区哦！

数出顶点数 V、区数 R 及边数 E 以后，计算 $V+R-E$，看看得到了什么结果！

图1：点数下图的顶点数、区数及边数。

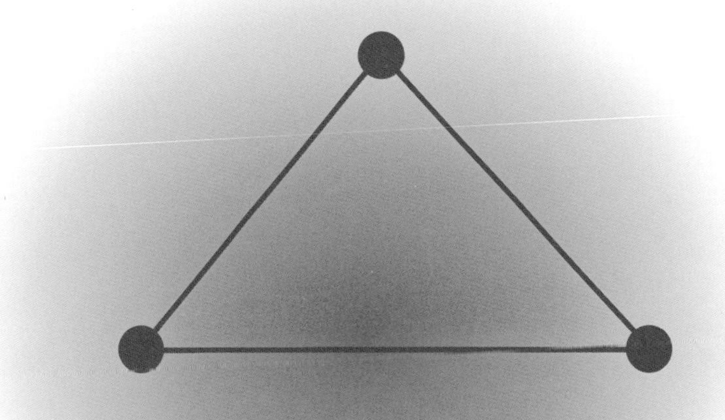

顶点数 $V=3$

区数 $R=2$

边数 $E=3$

$$V+R-E=3+2-3=2$$

图2：记得要算上外面的区。

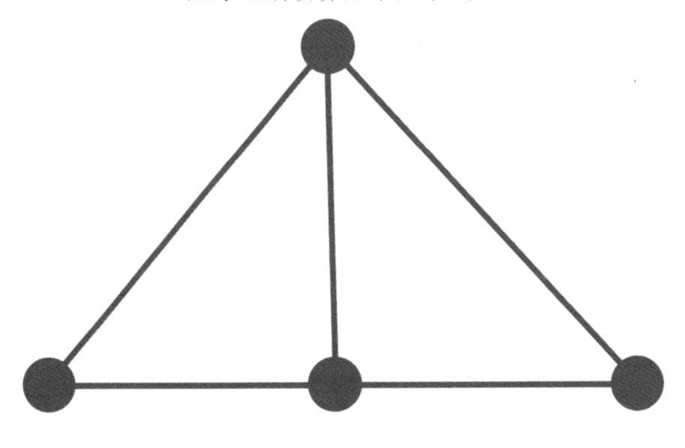

顶点数 $V=4$

区数 $R=3$

边数 $E=5$

$$V+R-E=4+3-5=2$$

图3：你数出来的结果和我们标注的一样吗？

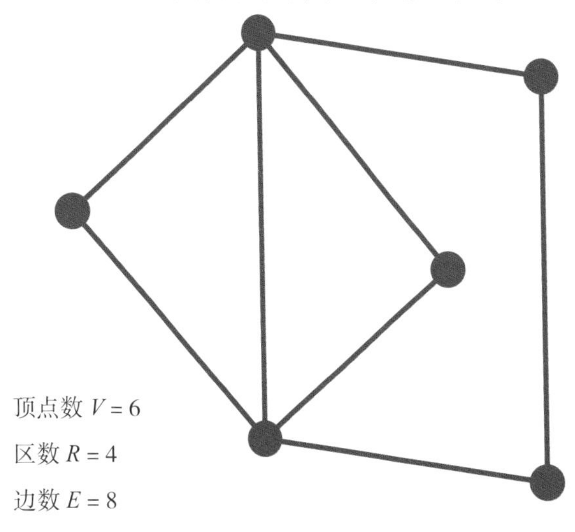

顶点数 $V=6$

区数 $R=4$

边数 $E=8$

$$V+R-E=6+4-8=2$$

第 2 步：现在试着自己数一数（图 4–10）。不要忘记数“外”区。下列图的顶点数 V、边数 E 和区数 R 各是多少？

同样对每个图计算 $V+R-E$。提示：图 9 和图 10 都只有一个区——外区。

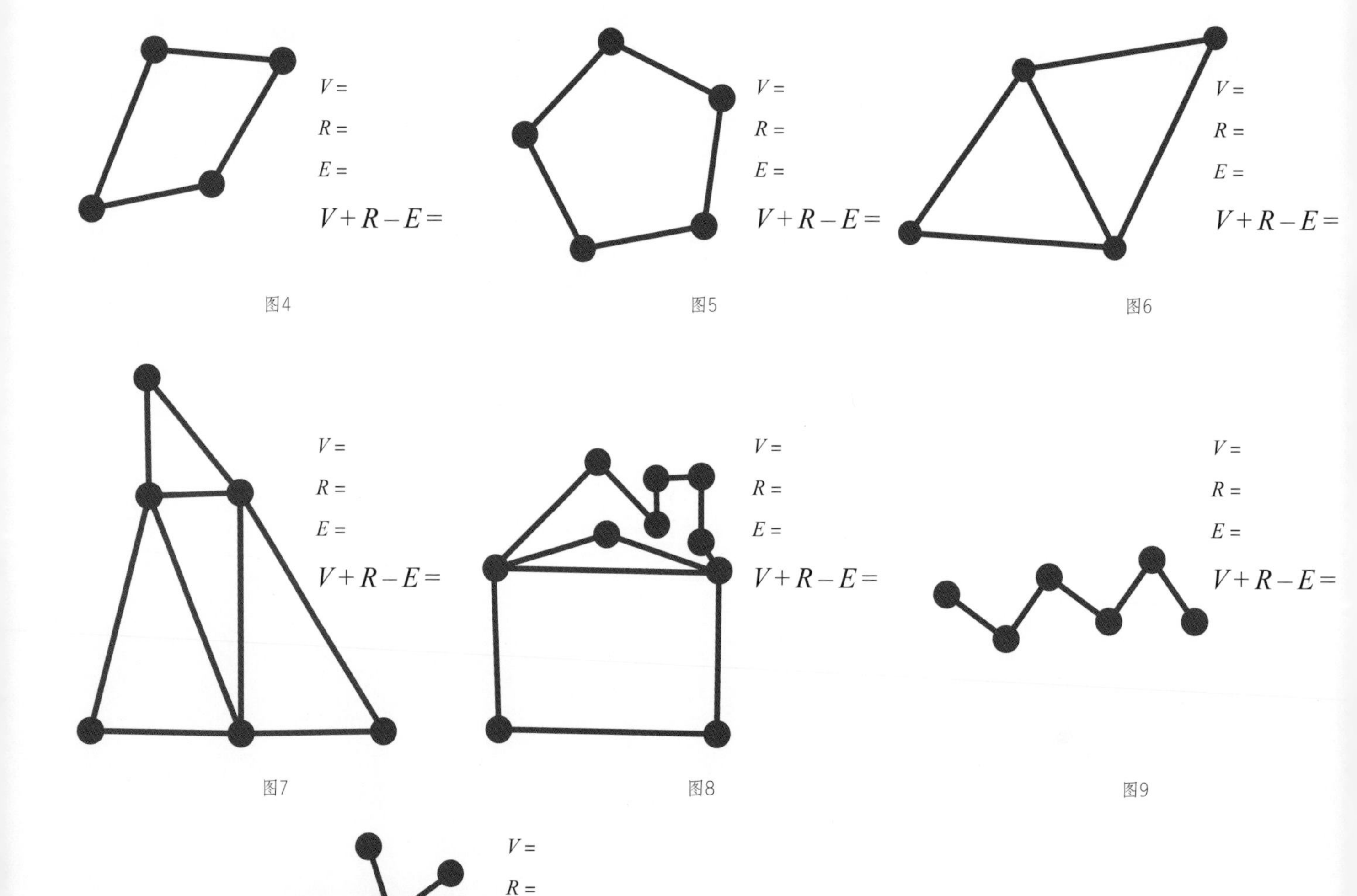

$V=$

$R=$

$E=$

$V+R-E=$

图10

答案：在每个例子中 $V+R-E=2$。这相当令人惊奇。你认为这总是对的吗？（在继续做下去之前，你要自己先思考一下。）

欧拉示性数等于 2 的要求

计算下图的欧拉示性数 $V+R-E$。

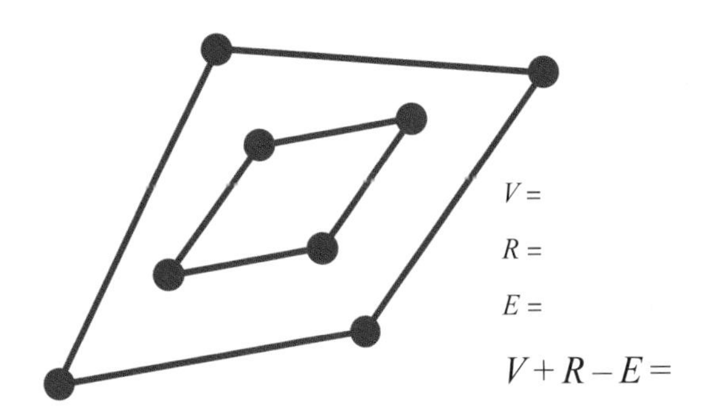

这图是不连通的（即有些顶点之间没有路相连），我们可以给它加上一条边使之成为连通的。现在请你计算如下连通了的图的欧拉示性数。

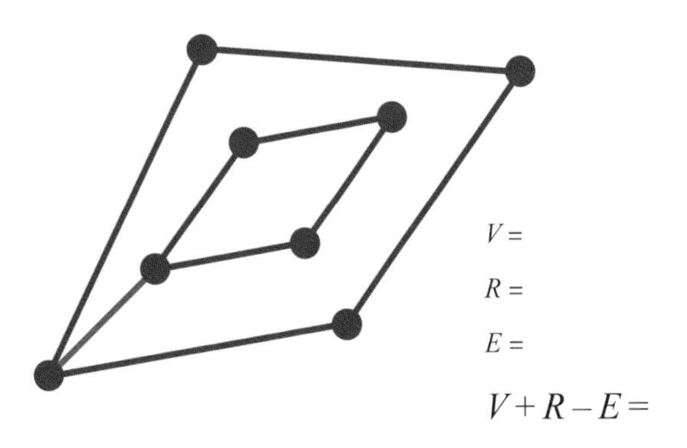

你的答案是 2，对吗？

下图有两条边相交但交点不是顶点，（不要担心有一边的颜色与其他的不同）计算欧拉示性数。

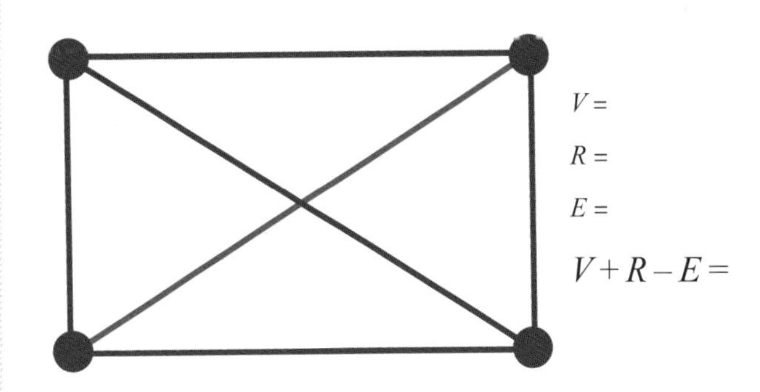

在图论中，平面图没有相交的边（如果两条边与同一个顶点相连，不认为它们是相交的）。移动红边成如下平面图，它的欧拉示性数是多少？

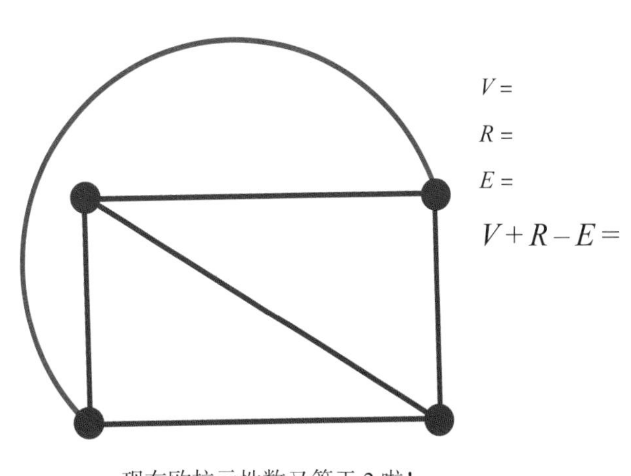

现在欧拉示性数又等于 2 啦！

实验
37
有关欧拉示性数的证明

实验材料

→ 铅笔
→ 纸

在归纳法的证明中，你首先要证明的是最简单的情形（称为基本情形）是真的。接着你证明归纳步：证明若对于一个一般的情形命题是真的则能推导出紧接着的情况也是真的。这样你就获得了一个诀窍来用于证明怎样从一种规模的真，推出另一更大规模的真（只要按需作若干次，甚至无穷次归纳步即可）。所以你知道命题总是真的。（这是大学水平的数学，若你感到有点困惑，不要担心。）让我们来证明对于所有的平面连通图，欧拉示性数都是 2！

挑战：归纳法证明

第 1 步： 基本情况：当图只有一个顶点没有边时（图 1），计算 $V+R-E$，答案是 2，对吗？

第 2 步： 当加上一条新边和一个新的顶点（图 2），计算 $V+R-E$，答案仍是 2。这是因为我们加了一个新的顶点和一条新的边，所以它们互相抵消了。

第 3 步： 加上一条新边但不加新的顶点（图 3–4），计算 $V+R-E$，答案仍然是 2，因为当我们加上一条新边但不加新顶点时，我们实际上增加了一个新的区，它抵消了增加新边的作用。试着加一条边到本单元中前几个实验的图上去。当我们加上一条边时，总是也增加了一个区，于是，$V+R-E$ 保持不变。

第 4 步： 我们可以通过像以上几步那样增加顶点及（或）边来构建任何平面连通图。试着对图 5–7 中的图加边及（或）顶点，计算添加前后的 $V+R-E$。

第 5 步： 加一些顶点或边到一些你自己做的图上去，计算添加前后的 $V+R-E$。你可以在任何平面连通图上进行尝试，不局限于第 1、2 步中的简单的图。

如果你只增加一条边，结果则会增加一个新的区。如果你增加一个新的顶点，你必须加上边来连接原来的图。于是，在建立平面连通图的每一步中，始终获得 $V+R-E=2$。真奇妙！

你刚刚用归纳法完成了数学证明。祝贺你！

图1：没边只有一个顶点，计算$V+R-E$。

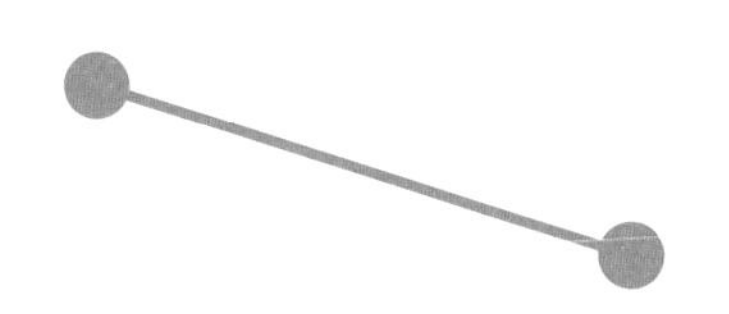

图2：增加一条边及一顶点后，计算$V+R-E$。

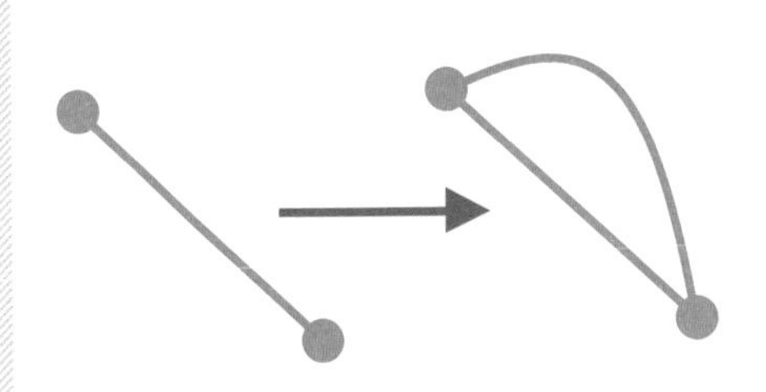

图3：再增加一条边后，计算$V+R-E$。

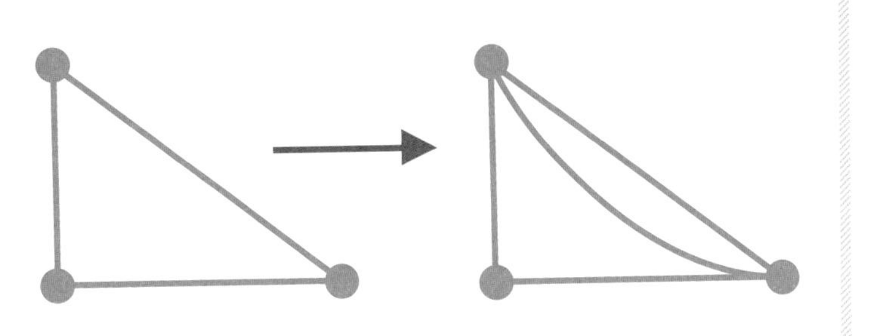

图4：在增加一条边的前后，分别计算$V+R-E$。

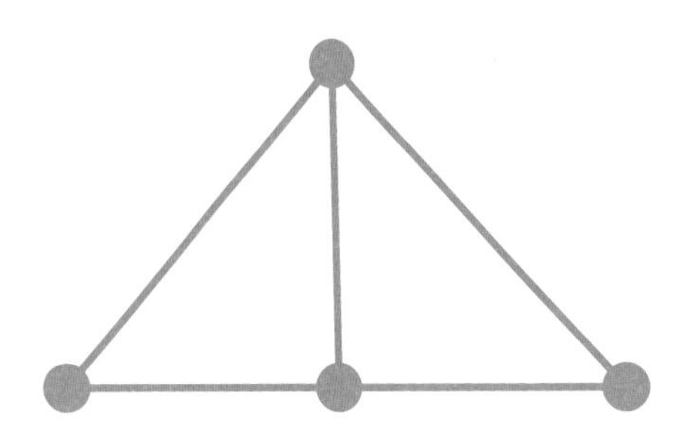

图5：在逐次增加边及顶点后，计算$V+R-E$。

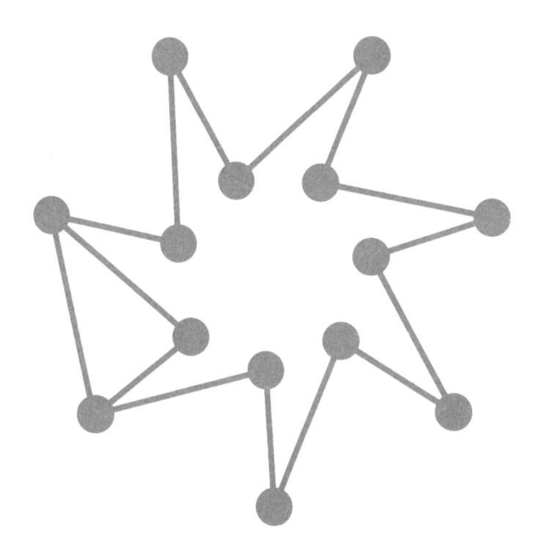

图6：在逐次增加边及顶点后，计算$V+R-E$。

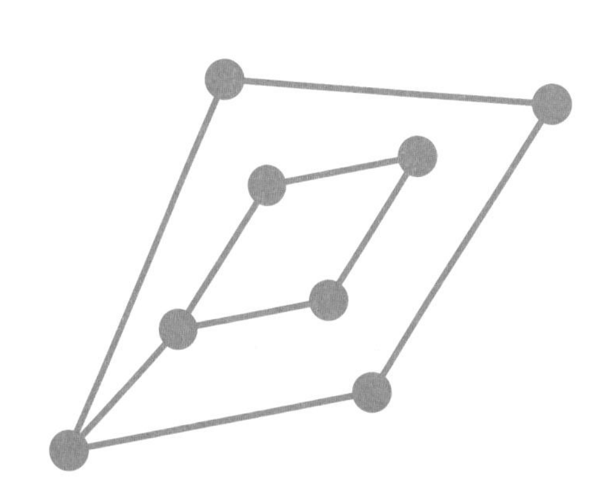

图7：在逐次增加边及顶点后，计算$V+R-E$。

操作页

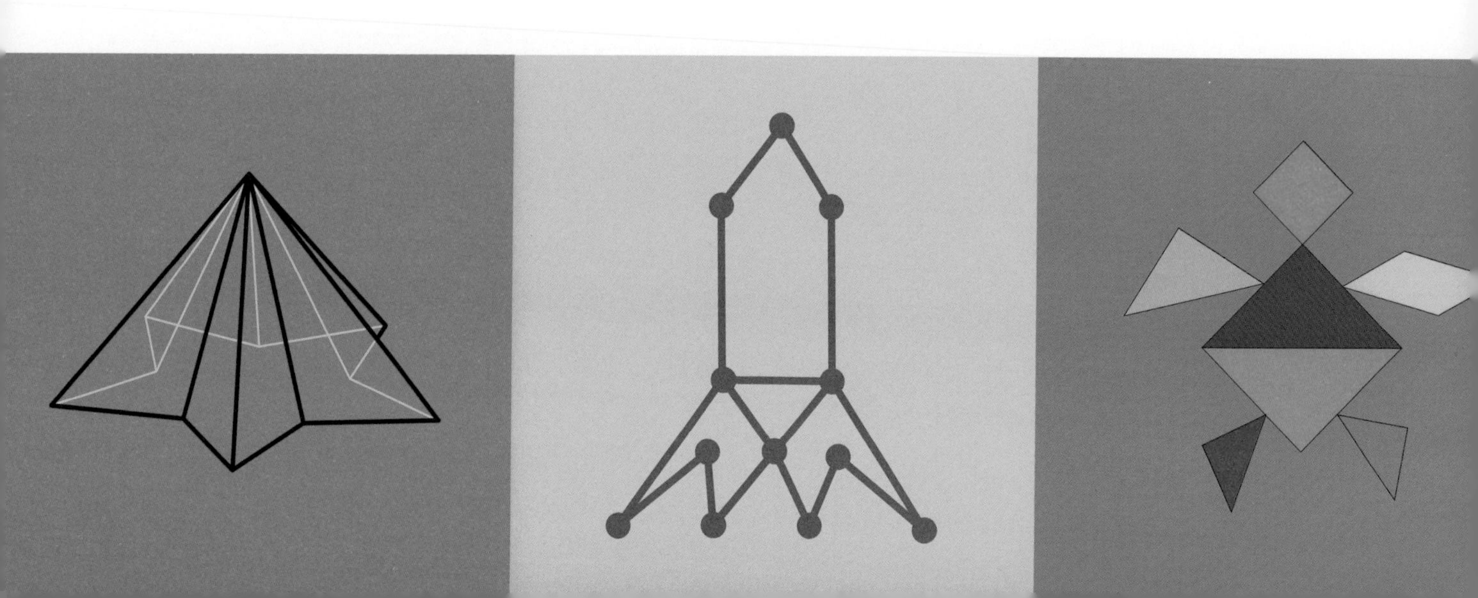

地图着色基础 实验12（第46页）

棋盘地图

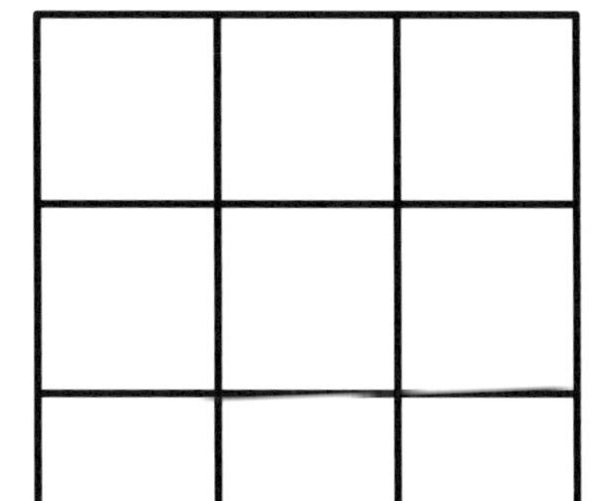

变形的棋盘地图

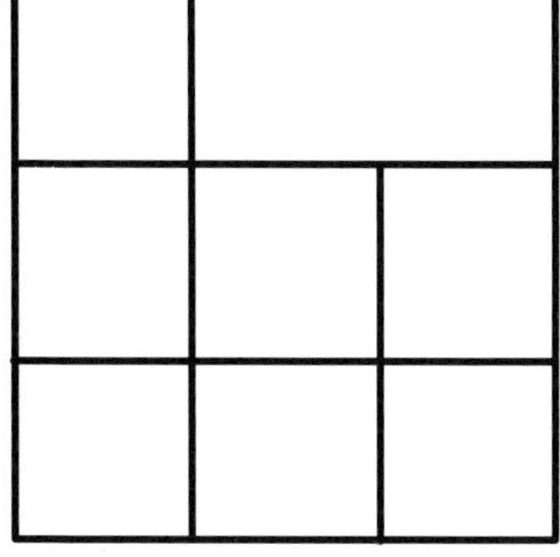

三角地图1

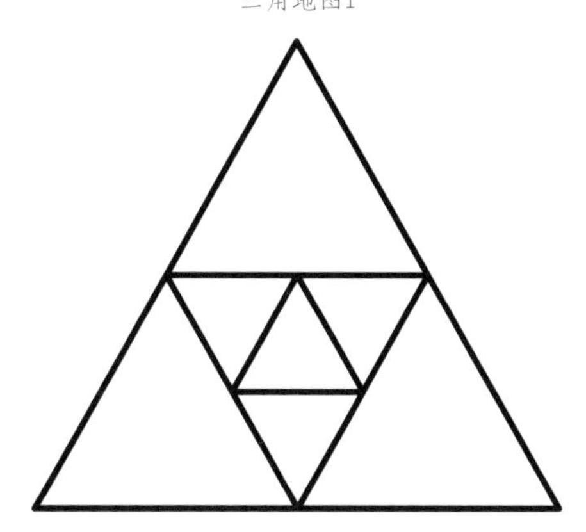

三角地图2

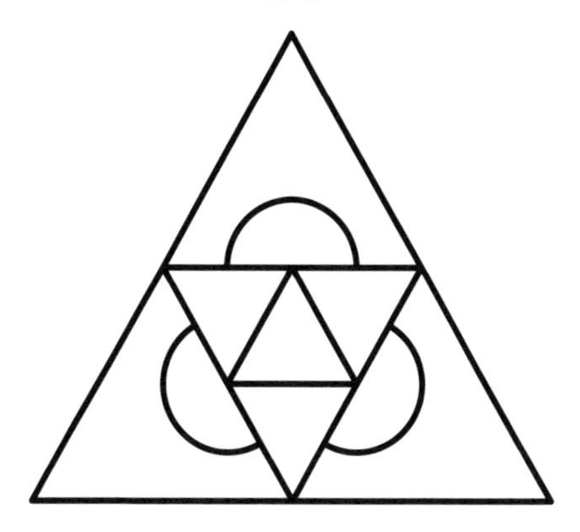

七点星地图

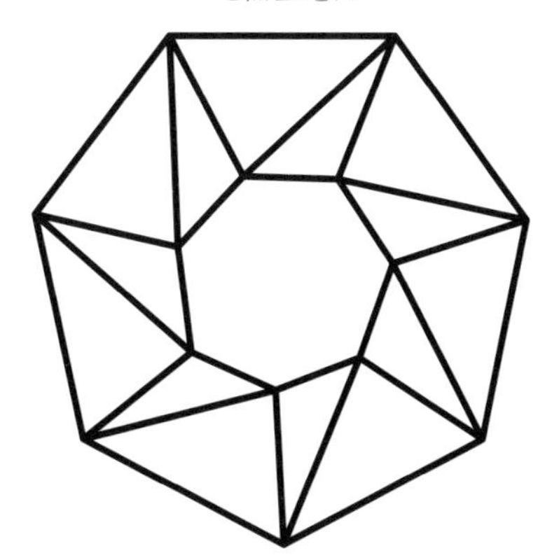

变形的七点星地图

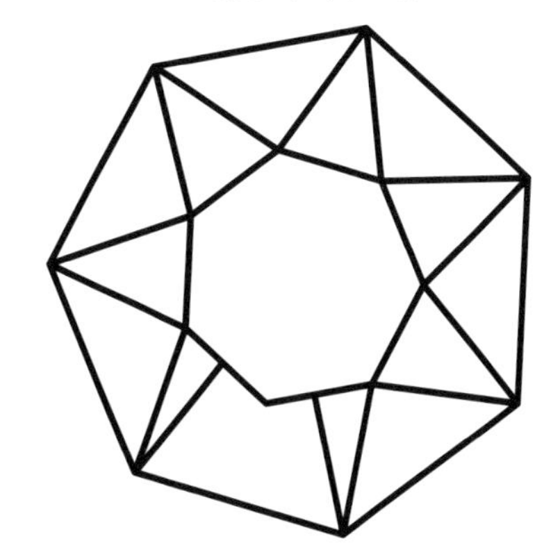

南美洲地图 实验12（第46页）

高效地为地图着色 实验13（第50页）

美国地图

火鸡地图

抽象地图

非洲地图 实验13（第50页）

等边三角形模板 实验18—20（第68—77页）

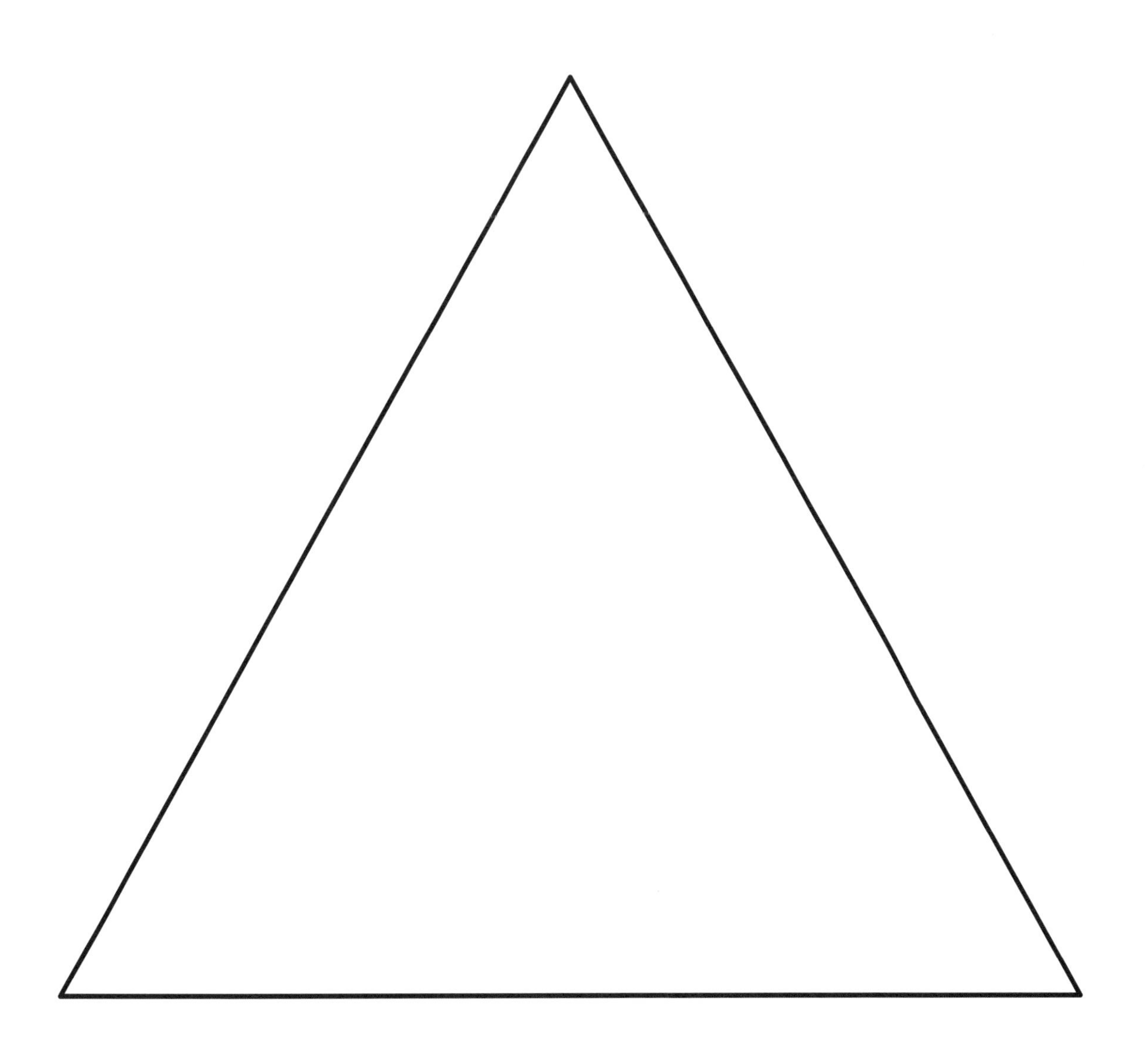

一副七巧板模板 实验23—25（第84—89页）

两副七巧板模板 实验25（第88页）

欧拉回路 实验33（第112页）

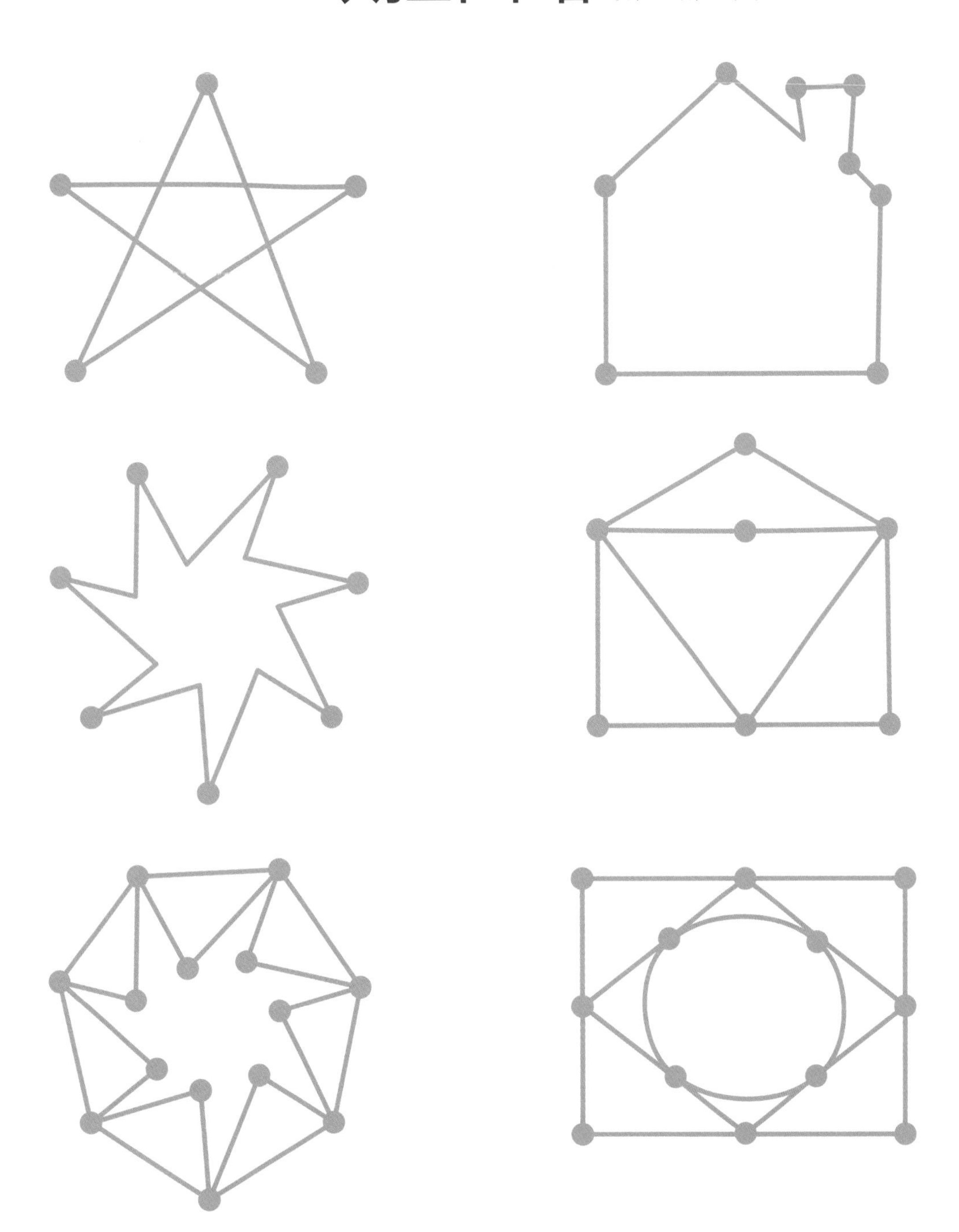

欧拉回路揭秘 实验34（第114页）

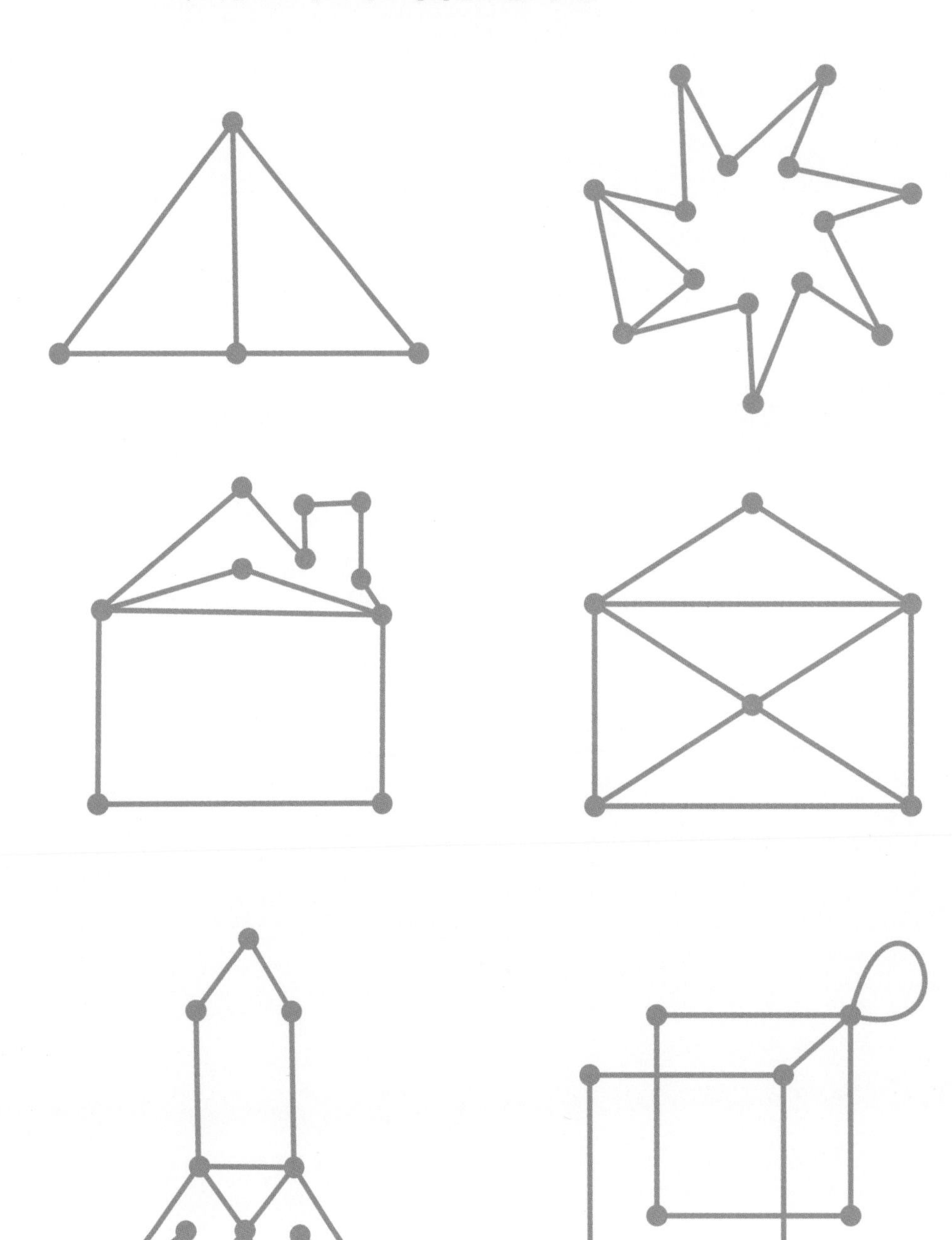

欧拉示性数 实验36（第118页）

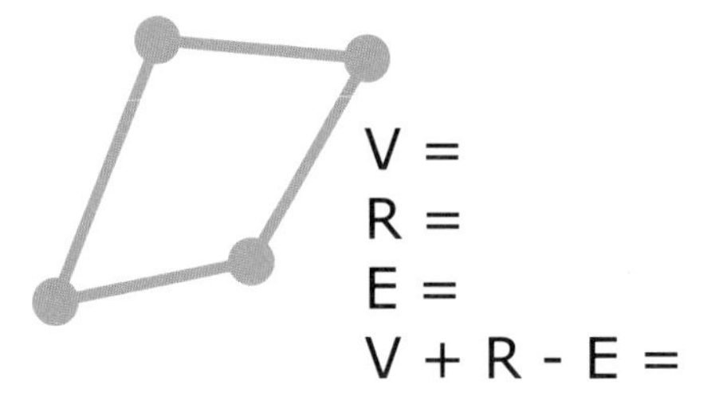

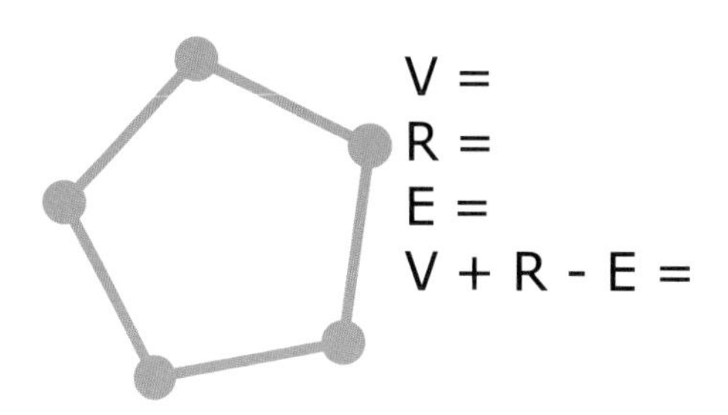

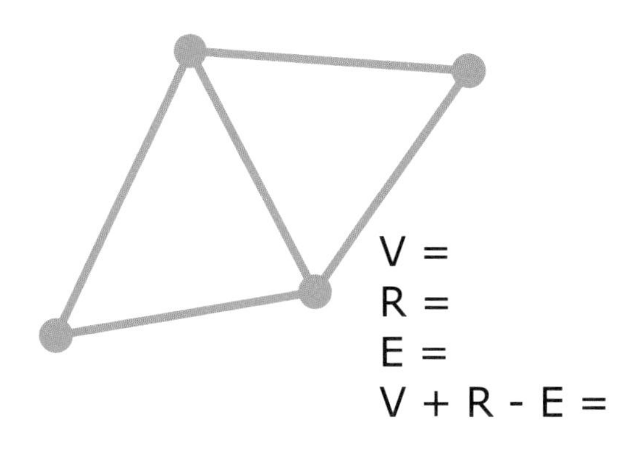

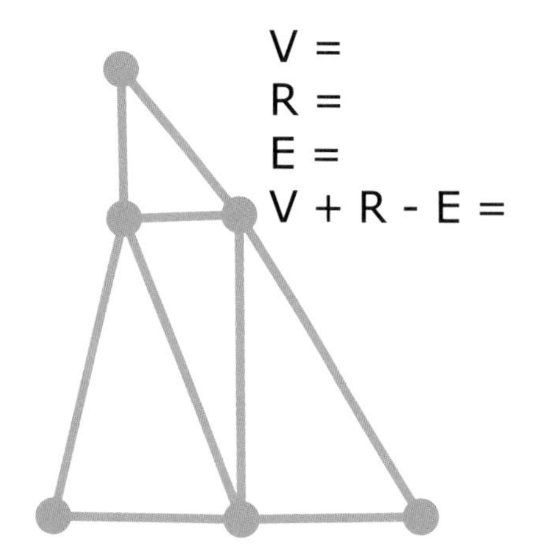

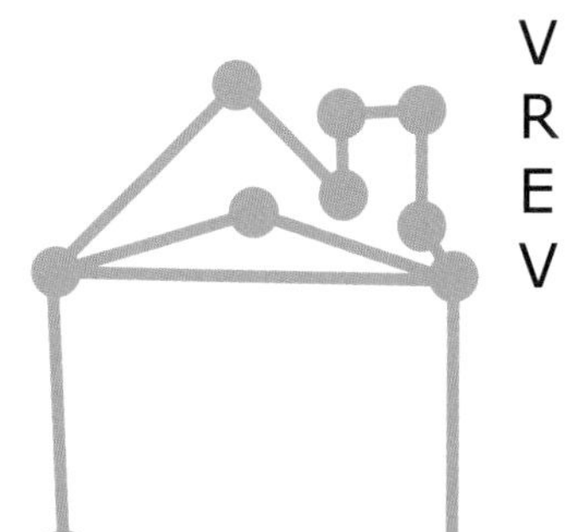

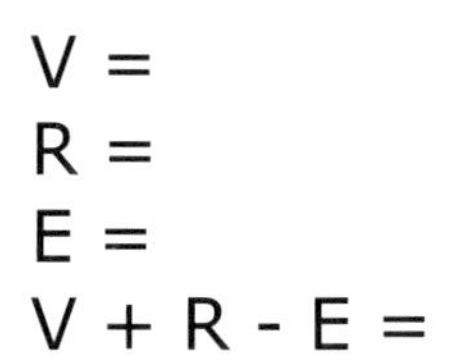

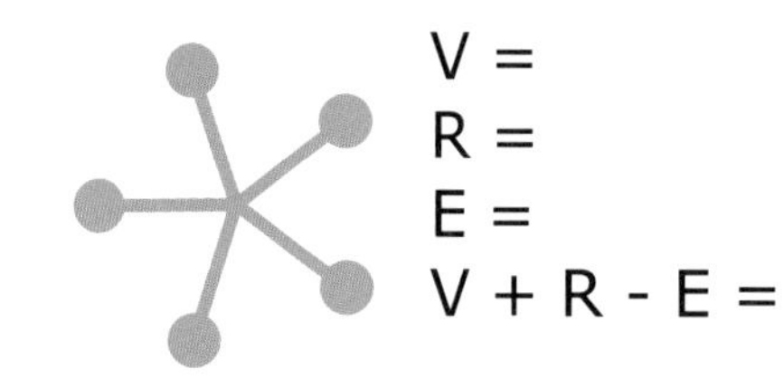

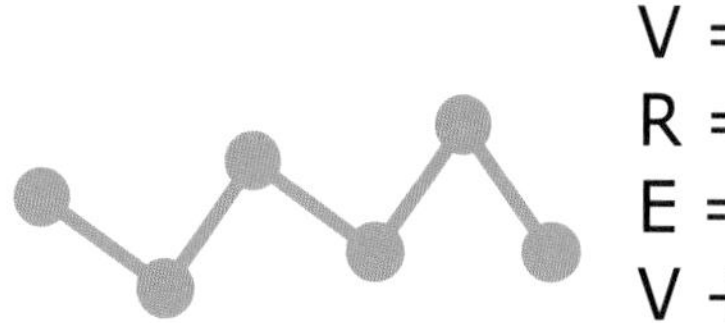

提示与答案

1. 几何：学习形状

想一想：用三角形做立体形状的方法很多。

三棱柱像一个很厚的三角形，如果你从其上方看，它就像一个三角形。而棱锥是从一个底面升起到一个点，所以从侧面看它就像一个三角形。有许多用三角形当表面做成的立体形状。

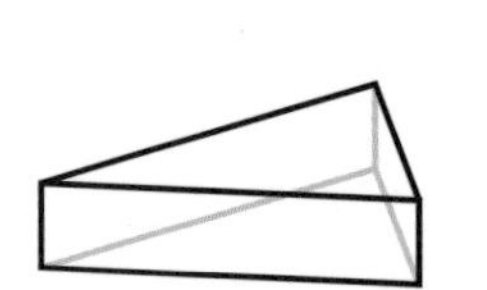
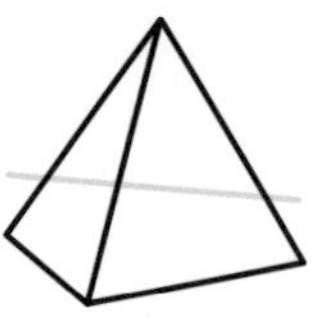

实验 1：试一试！

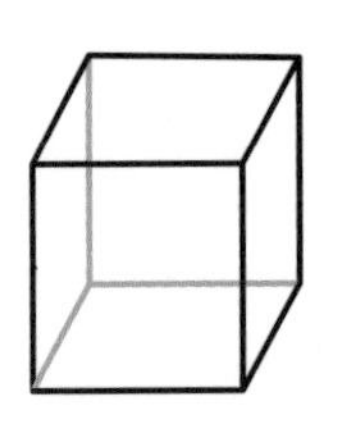
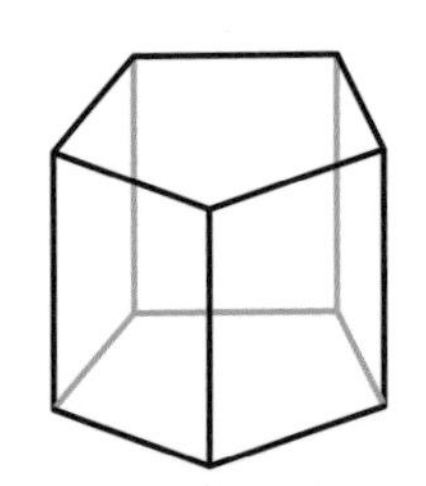
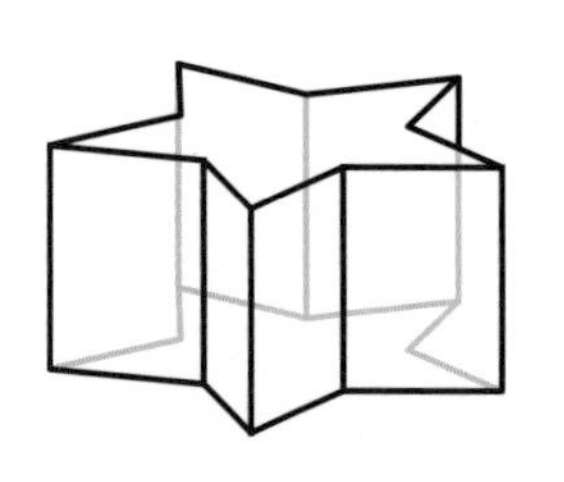

以四边形、五边形与五角星形为底得到的棱柱

实验 2：试一试！

以一个五角星为底可做出棱锥。不能得到棱锥的底的形状包括圆、数字 8 以及很多能想到的其他形状。

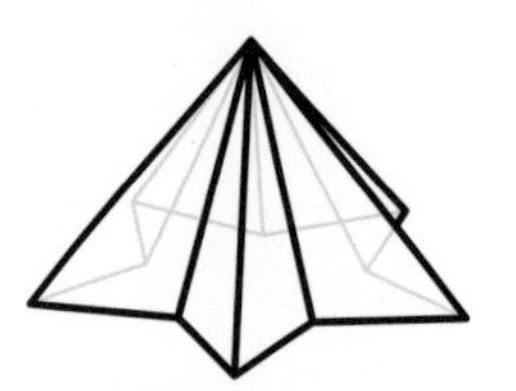

实验 3

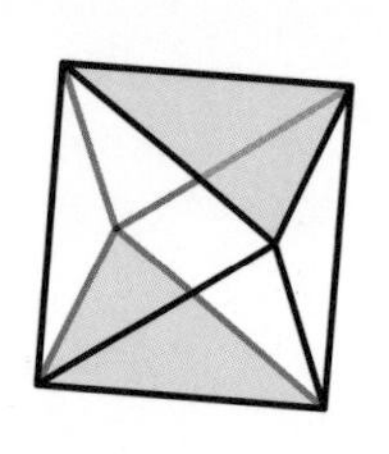

三角反棱柱

五角反棱柱

实验 4：正八面体

正八面体和正四面体有几个方面不相同：正八面体：8 个面，6 个顶点，12 条边。正四面体：4 个面，4 个顶点，6 条边。正八面体的每个角与四个三角形相连。正四面体的每个角与三个三角形相连。

把你做的正八面体和在实验 3 第 6 步做的三角形反棱柱作比较。你注意到了什么？它们的形状相同！

2. 拓扑：费脑筋的形状

实验 9

— 活动 1，第 4 步：你可以做出一个三角形和很多其他形状。

— 活动 2：你可以伸展或压缩袋子把它做得看起来像一个球、立方体或碗，但不像一个甜甜圈或咖啡杯（带柄的杯）。甜甜圈和咖啡杯各有一个孔。

— 寻物游戏提示：以下是每类物品的一些例子，供参考。

1. 无孔：书、盘子、（无柄）杯。
2. 一个孔：有柄杯、光盘、串珠（有孔）。
3. 两个孔：拉链未拉上的上衣、购物袋（有两个提手的）。
4. 多于两个孔的：筛子、板条椅、绒线衫。

实验 10

— 活动 1，第 7 步：莫比乌斯带有一条边。

— 活动 2，第 1 步：结果得到两个王冠。

— 活动 2，第 2 步：结果得到一个扭转两圈的长带子

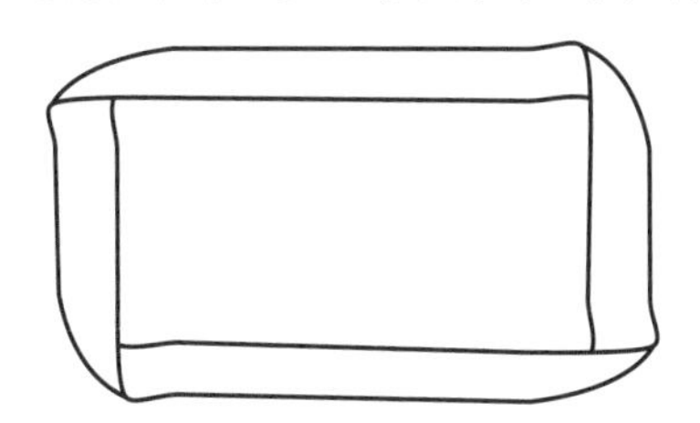

— 活动 3，第 2 步：当你在王冠的一面上进行画线，在王冠的另一面是空白的。而对于莫比乌斯带画线时，则没有空白的面（只有一个面）。

— 活动 3，第 3 步：最后你得到一个王冠

— 活动 3，第 4 步：

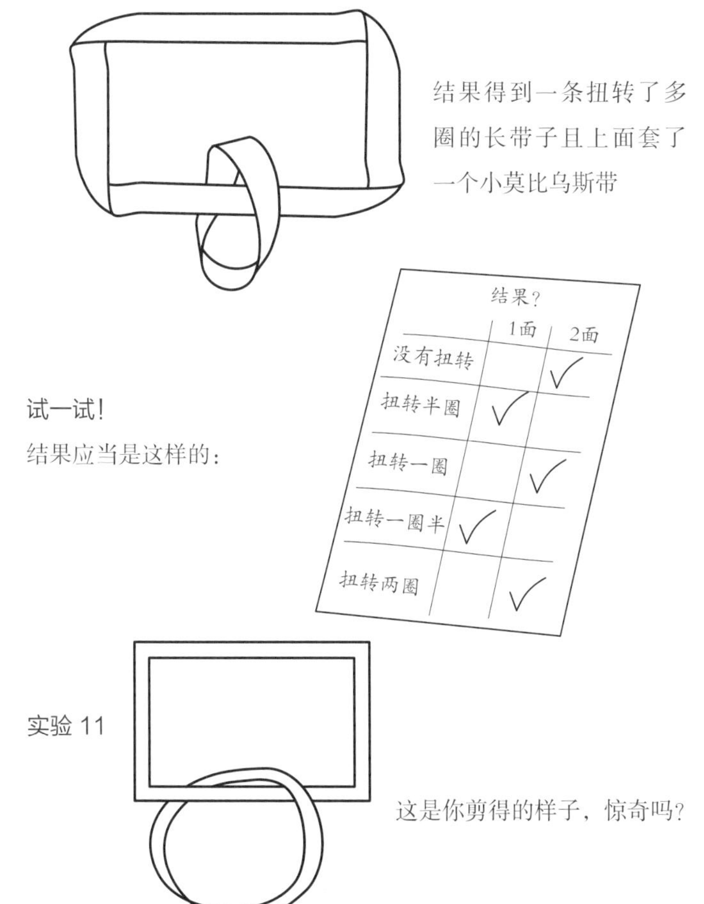

结果？	1面	2面
没有扭转		✓
扭转半圈	✓	
扭转一圈		✓
扭转一圈半	✓	
扭转两圈		✓

结果得到一条扭转了多圈的长带子且上面套了一个小莫比乌斯带

试一试！

结果应当是这样的：

实验 11

这是你剪得的样子，惊奇吗？

3. 像数学家那样给地图着色

实验 12

— 第 2 步：有多种可能的解，但不需要三种以上的颜色。

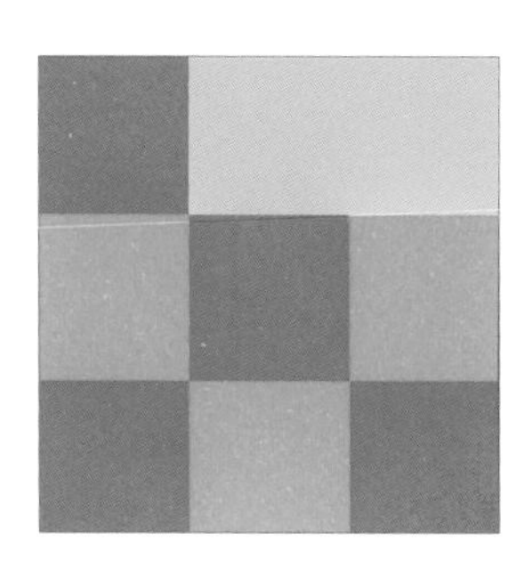

— 第 3 步：有多种可能的解，但对于三角形地图 1 不需要两种以上的颜色，对于三角形地图 2 不需要三种以上的颜色。

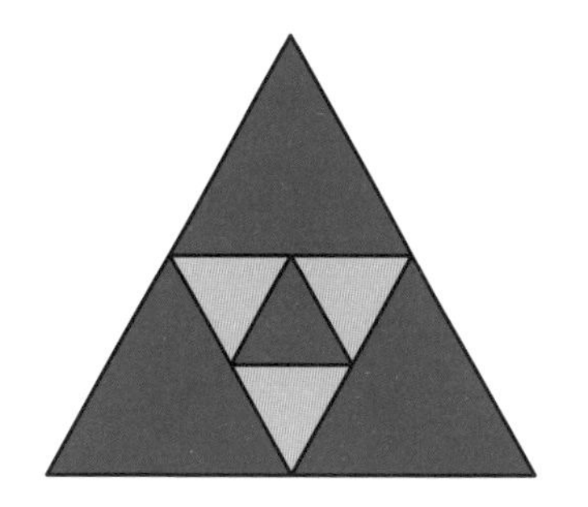

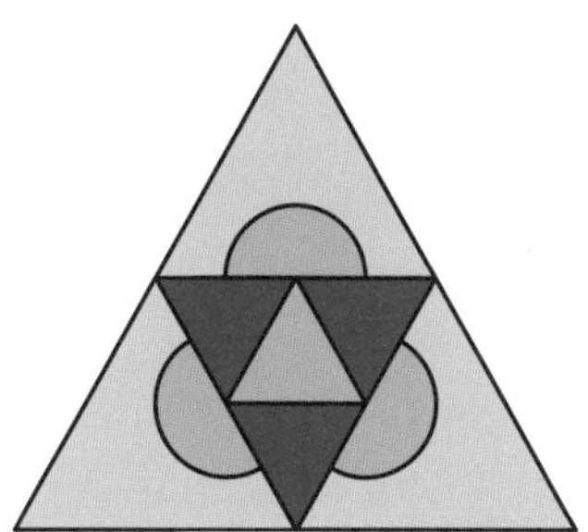

— 第 4 步：有多种可能的解，但对于七角星地图不需要两种以上的颜色，对于变形七角星地图不需要三种以上的颜色。

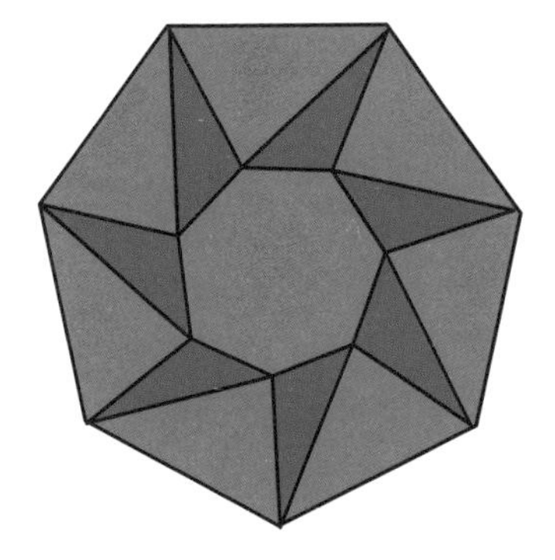

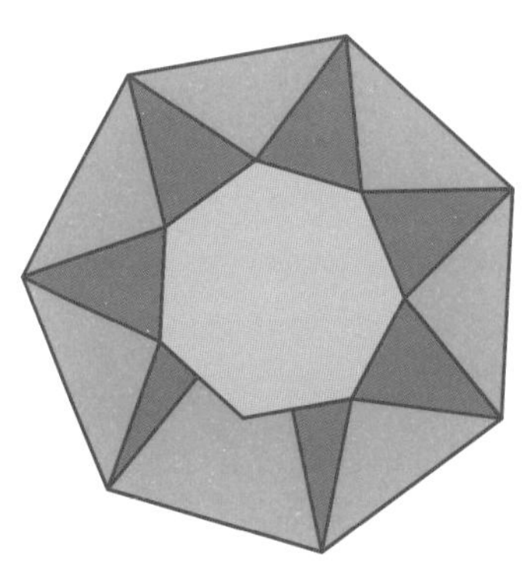

实验 12：试一试！

南美洲地图：巴拉圭（南美洲中部蓝色部分）与三个邻国接壤，而且这四个国家都与其他三个国家接壤，所以这四国至少要用四种颜色。

实验 13

有多种可能的解，但对鸟、非洲及抽象地图都不需要四种以上颜色。

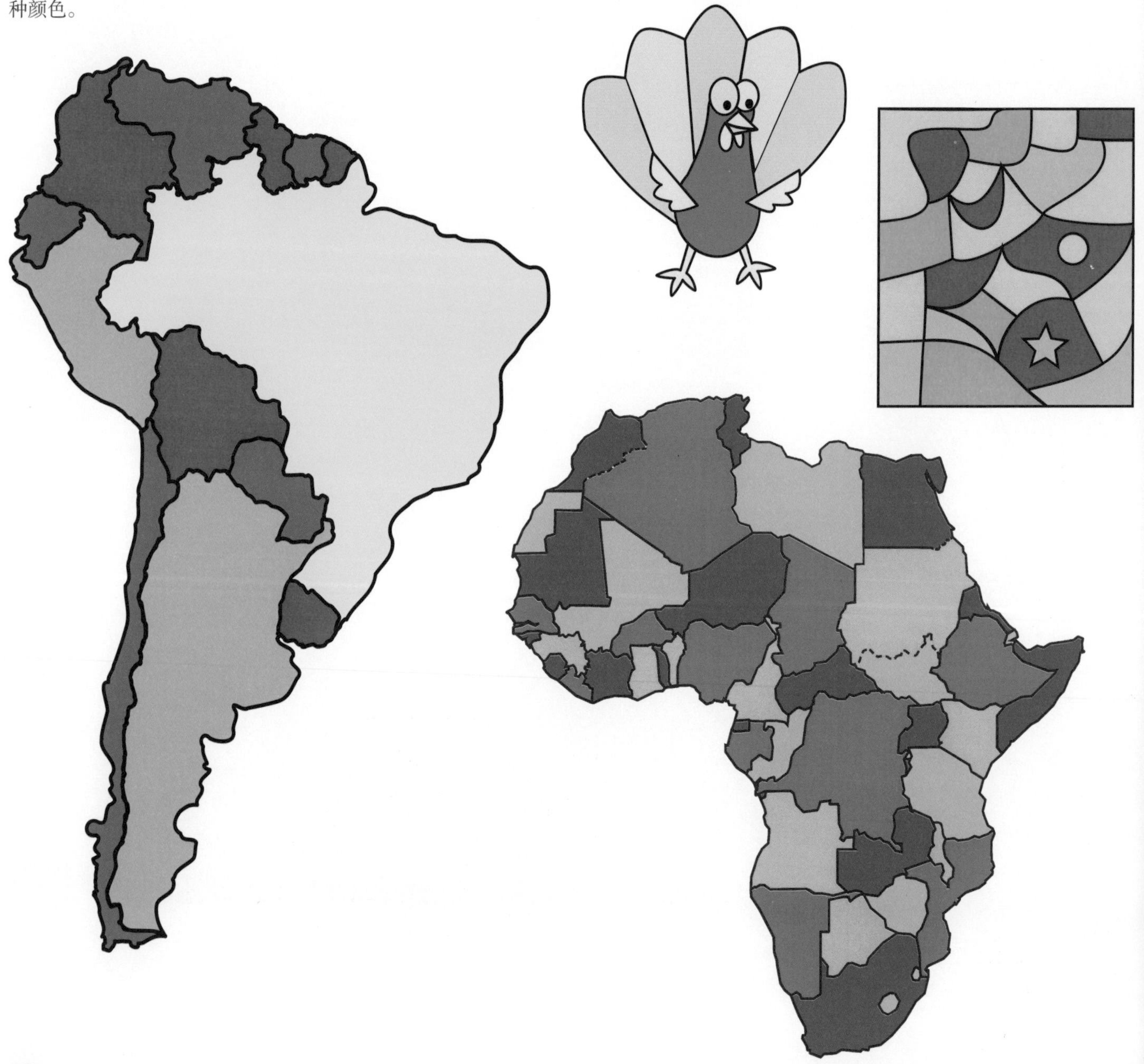

5. 神奇的分形

实验 19：试一试！

— 谢尔宾斯基三角形的周长是无限大的。每次我们增加更多更小的三角形时，周长是原来的 1.5 倍。

— 每对谢尔宾斯基三角形作一次迭代，你会得到原来 3 倍数量的三角形（前次迭代中的每个三角形均会被分成三个），其数量模式为 1，3，9，27……对于完整的谢尔宾斯基三角形，经过无限次迭代，得到无限多的三角形。

谢尔宾斯基金字塔

实验 21：试一试！

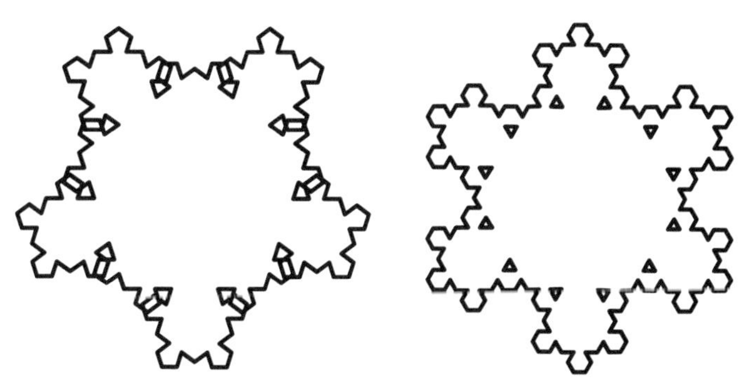

五边形与六边形的例子

实验 22：试一试！

不管我们加多少小三角形到科赫雪花的边上去，它的大小都不会增加到很大。所以我们知道它的面积会被一圆所包围。把无限多个三角形的面积加起来的精确面积是原先的三角形的 8/5 倍。甚至当你不知道它的确切面积的情况下，但如你能给出一个上界也是很有意义的结果。

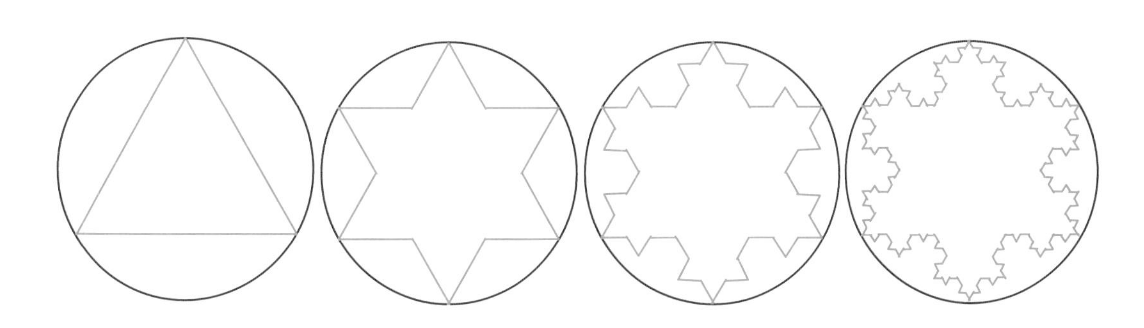

6. 奇妙的七巧板

实验 23：想一想

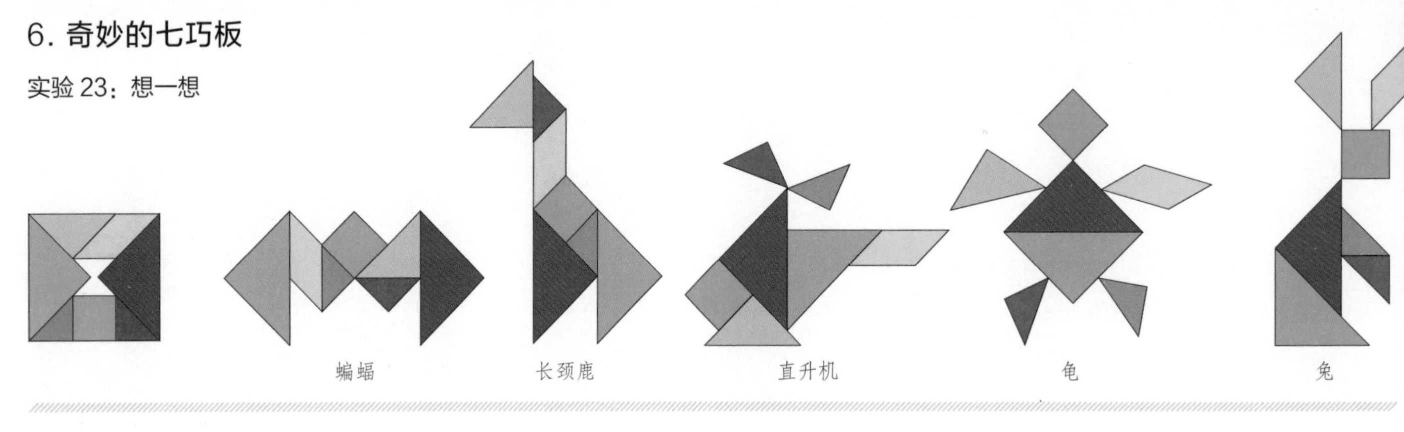

实验 24

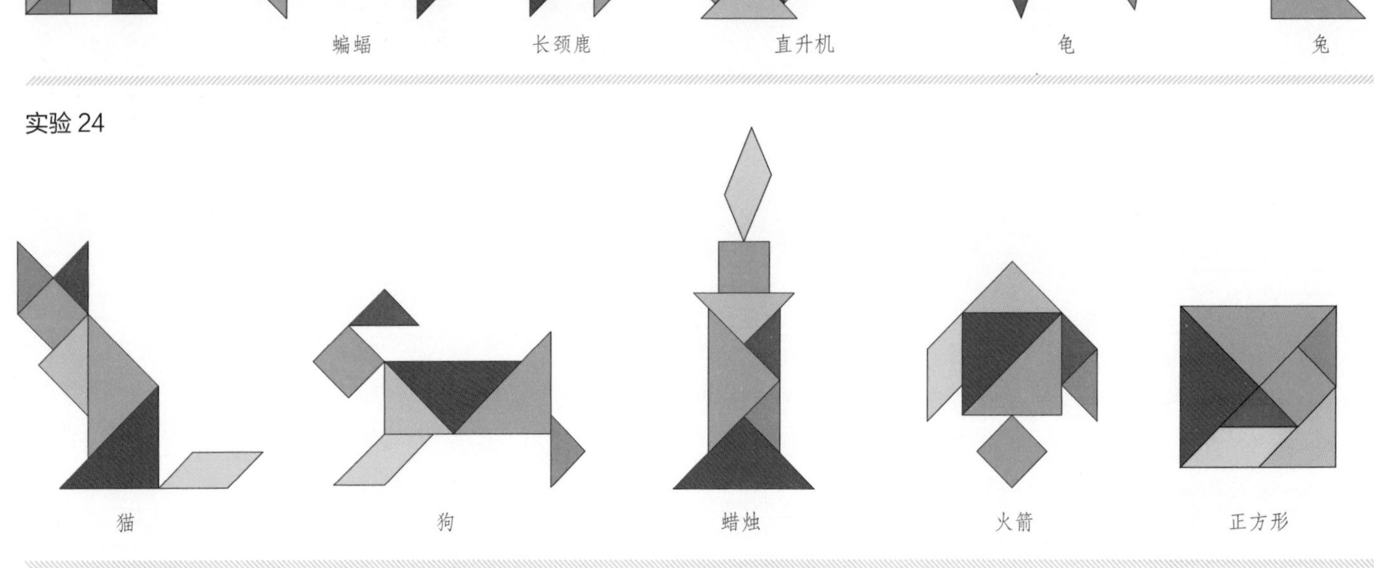

实验 25

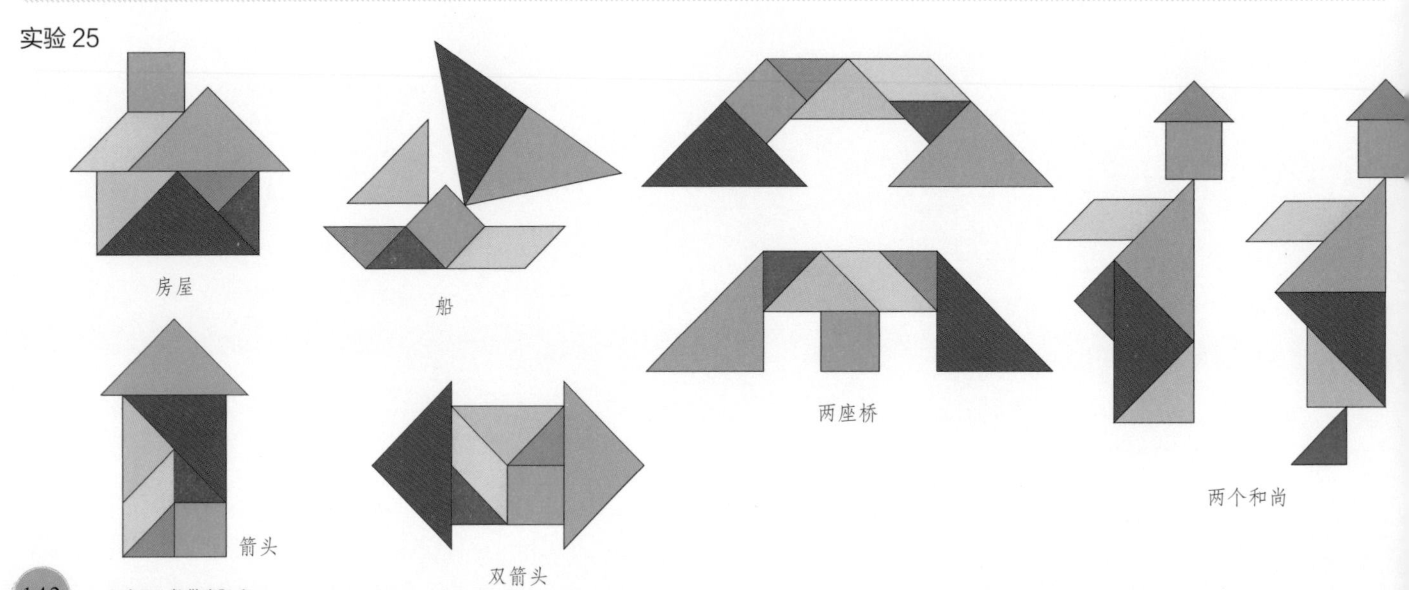

7. 火柴棍智力拼图

想一想：图中有 16 个三角形

实验 26：活动 2

实验 27

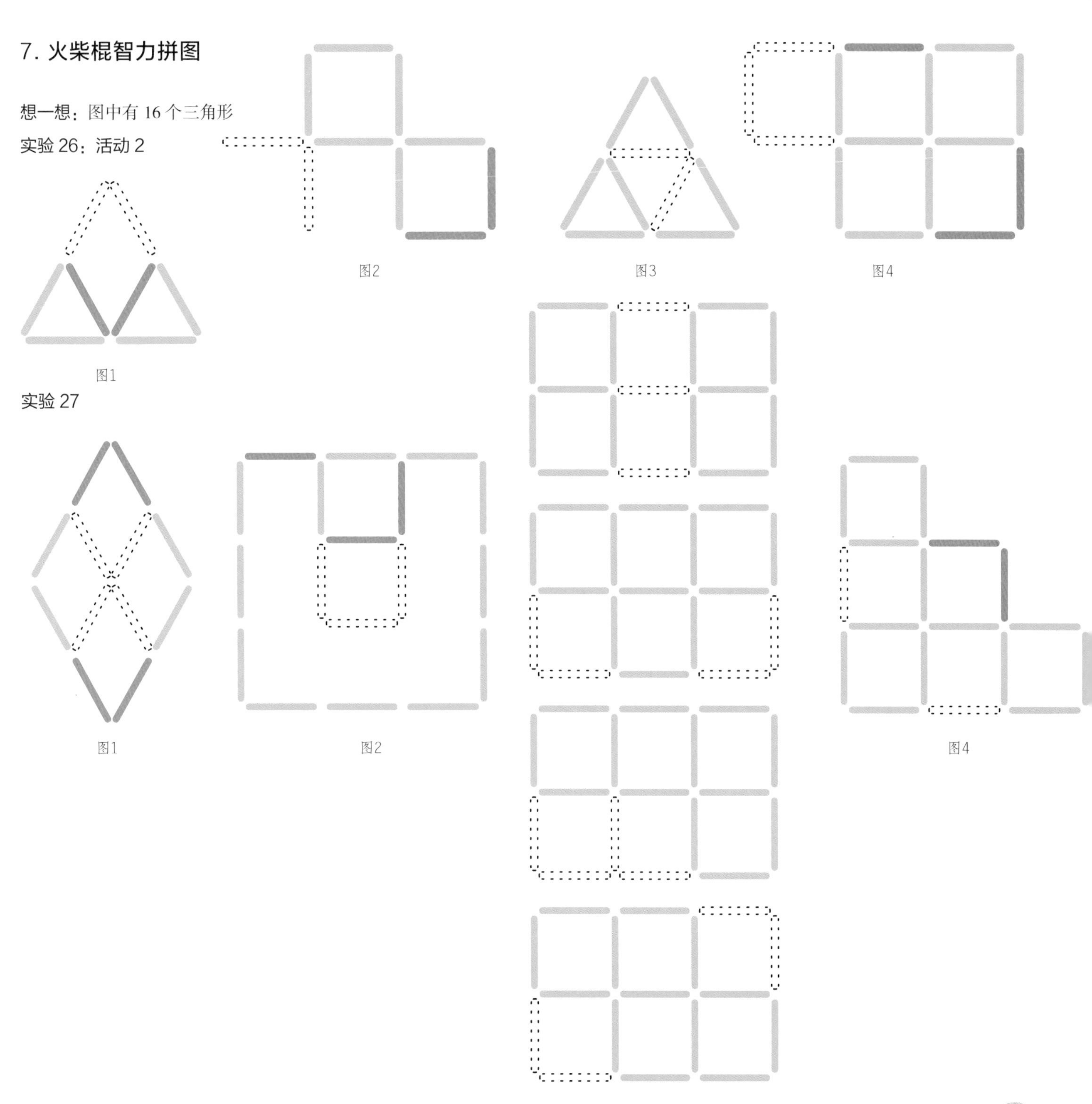

实验 27（续）

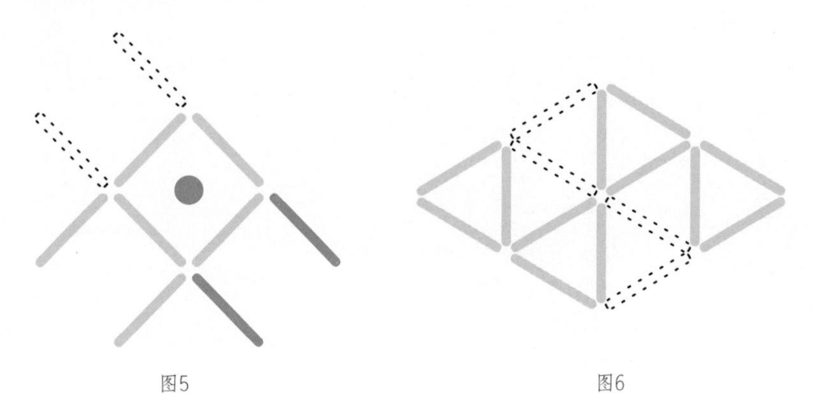

图5　　图6

实验 28

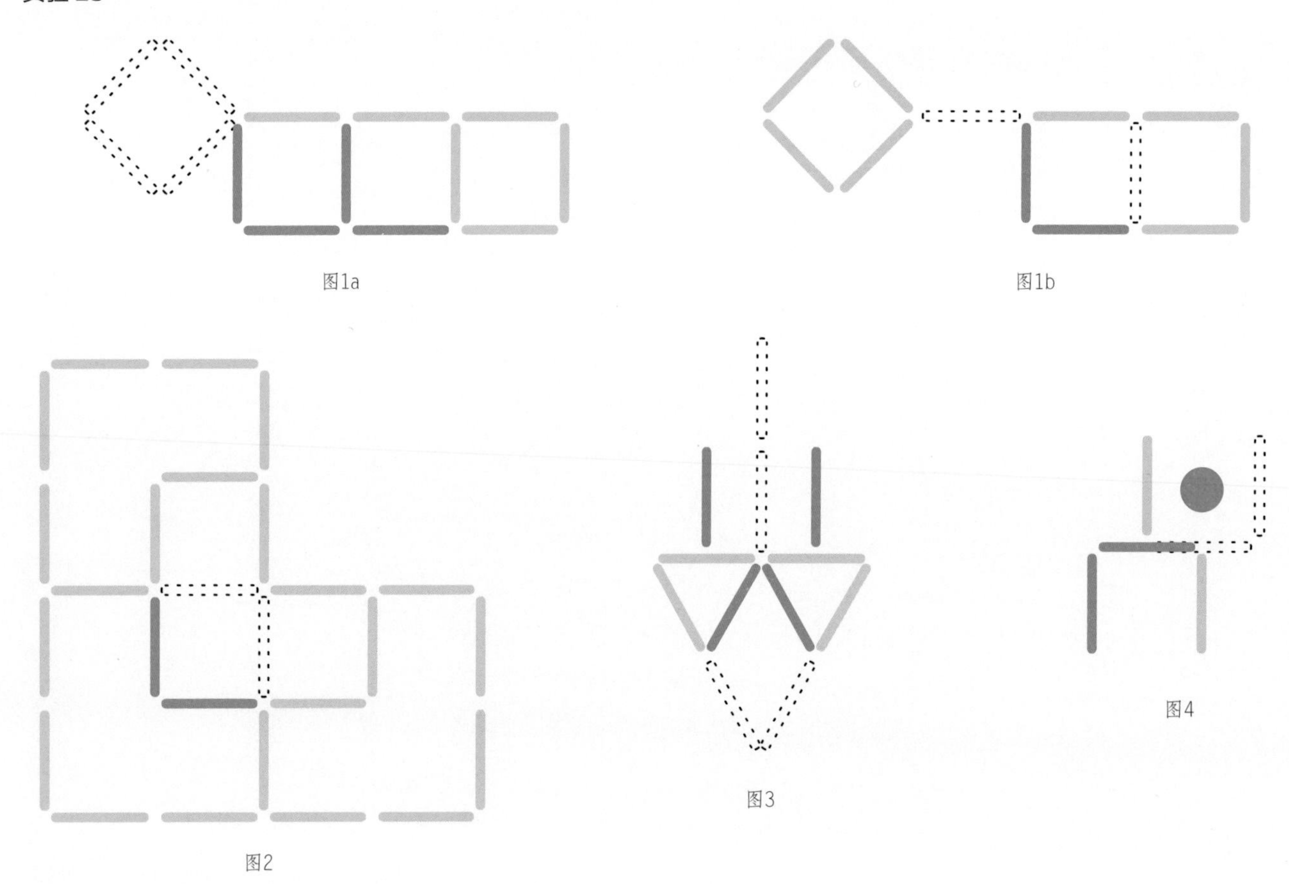

图1a　　图1b

图2　　图3　　图4

8. 尼姆游戏

实验 29：活动 2，变化 2

游戏 1

乙总赢。

游戏 2

乙按如下玩法总赢：

— 如果甲拿一颗珠，乙从另一堆拿一颗珠，不管甲在第三回怎么拿，乙在第四回都会赢。

或

— 如果甲拿两颗珠子（一整堆），那么乙拿另一整堆就赢了。

游戏 3

— 如果甲拿一整堆，乙可拿另一整堆并获胜。如果甲从第一堆拿一颗，那么乙在第二回在任一堆中拿一颗每堆都只剩一颗，那么甲在第三回就赢了。所以甲有一必胜之招。乙只有在甲走错时才能赢。

游戏 4

— 如果甲拿一整堆，则乙拿另一堆就赢了。

— 如果甲拿一颗红的，乙可拿两颗紫的，此时化为游戏 1 的开局形式，这种情况下乙总赢。

— 如甲拿一颗紫的则化为游戏 2 的开局形式，故甲总赢。

所以甲有一必胜之招，而乙只有在甲犯错时才能赢。

游戏 5

乙如不犯错总赢。

— 如果甲拿任意一堆，乙拿另一堆就赢了。

— 如果甲在任一堆中拿一颗，则化为游戏 4 的开局形式，所以乙有必胜之招。

— 如果甲在任一堆中拿两颗，乙可以在另一堆中拿两颗，这时化为游戏 1 的开局形式，那么乙总赢。

9. 图论

实验 33：依数字顺序画出路径

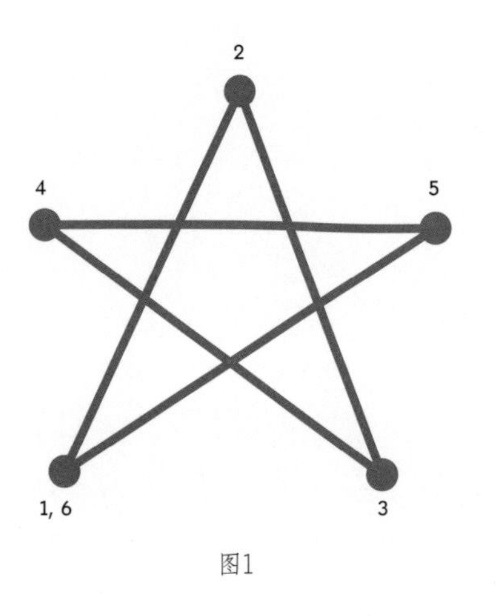

图1

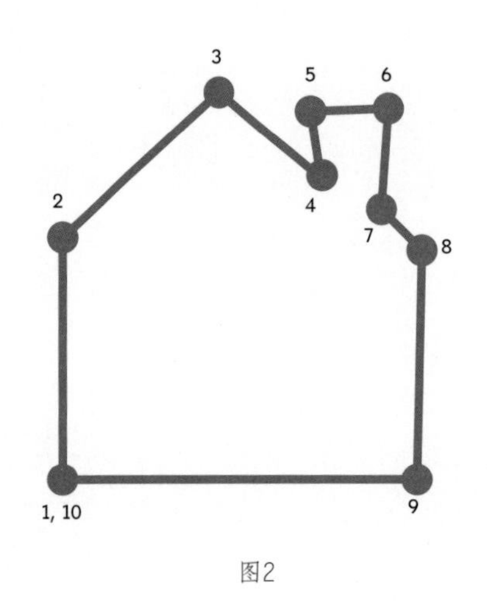

图2

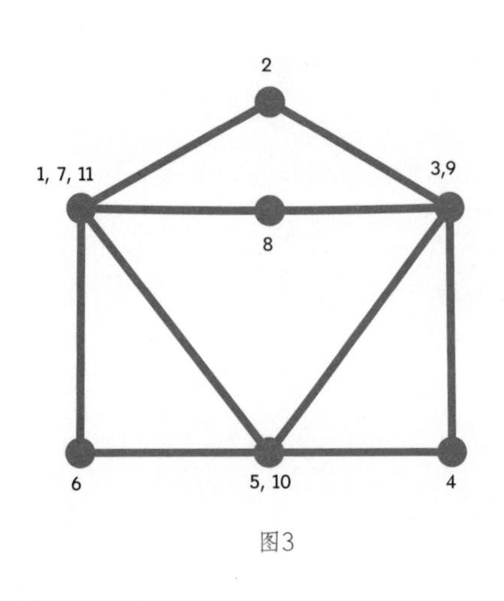

图3

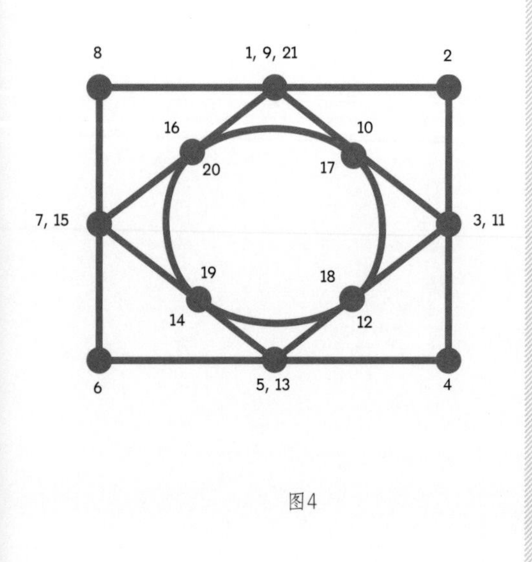

图4

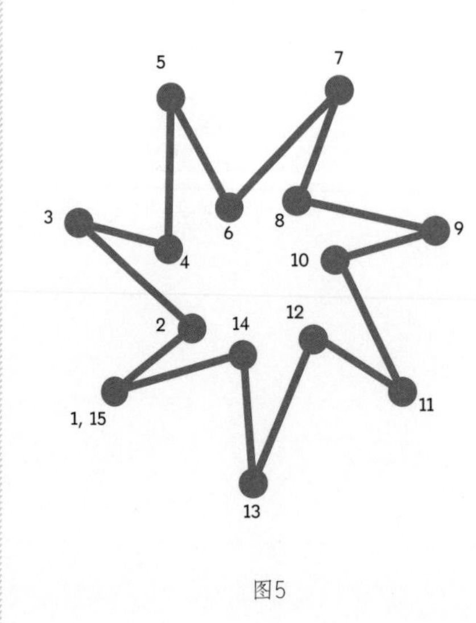

图5

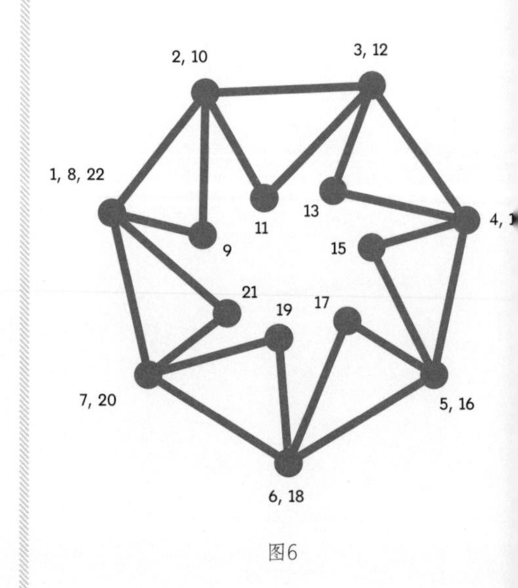

图6

实验 34

这两个图有欧拉回路。

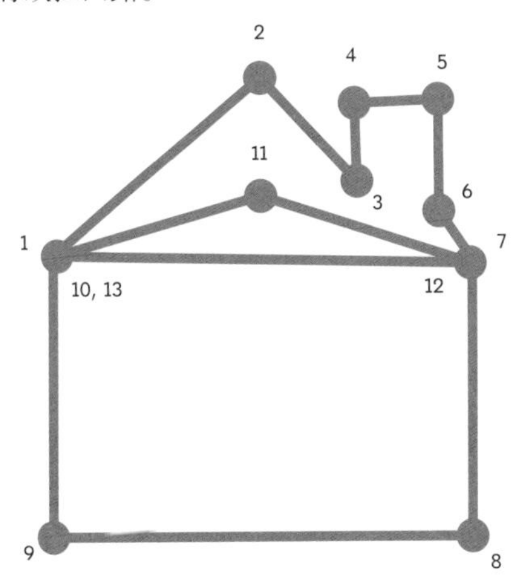

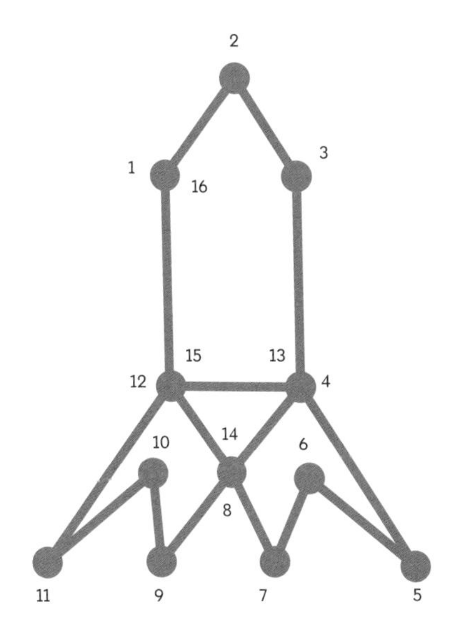

实验 35

— 第 3 步：在实验 34 中我们发现，有欧拉回路的图，从每个顶点出发的边数必须是偶数，因此答案是没有欧拉回路。

实验 36

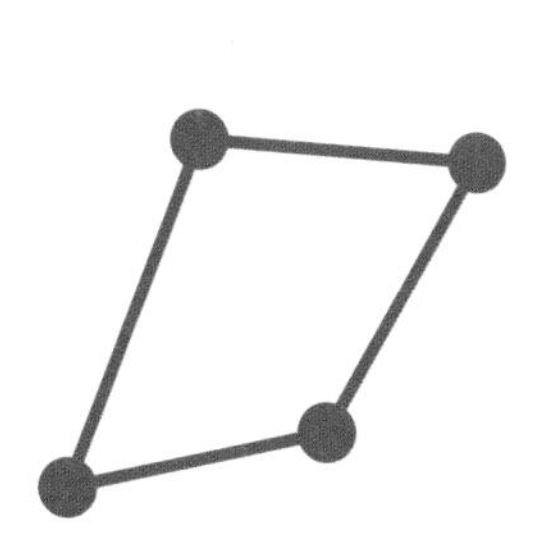

$V=4$

$R=2$

$E=4$

$V+R-E=4+2-4=2$

图4

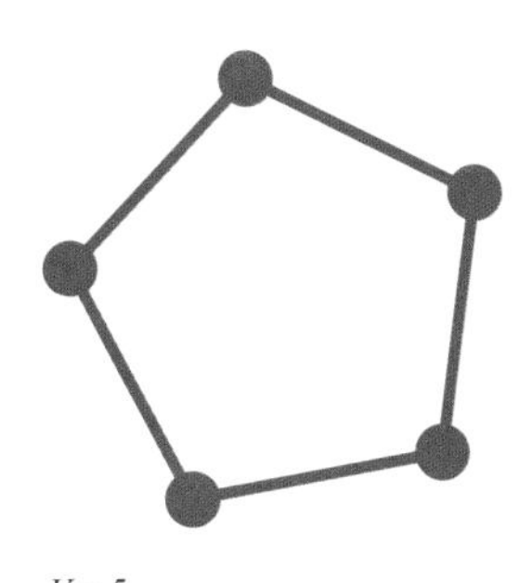

$V=5$

$R=2$

$E=5$

$V+R-E=5+2-5=2$

图5

$V=4$

$R=3$

$E=5$

$V+R-E=4+3-5=2$

图6

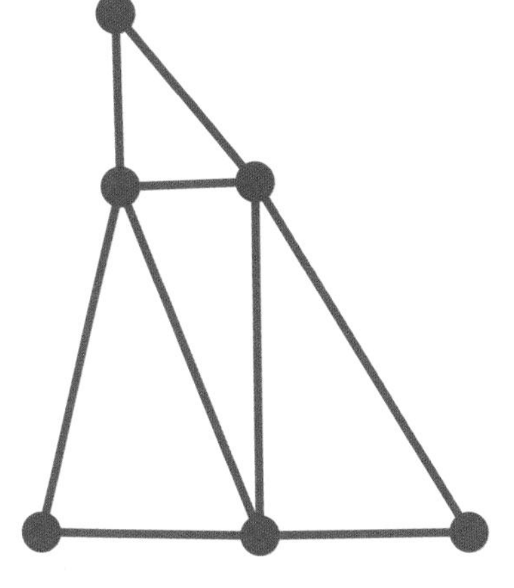

$V=6$

$R=5$

$E=9$

$V+R-E=6+5-9=2$

图7

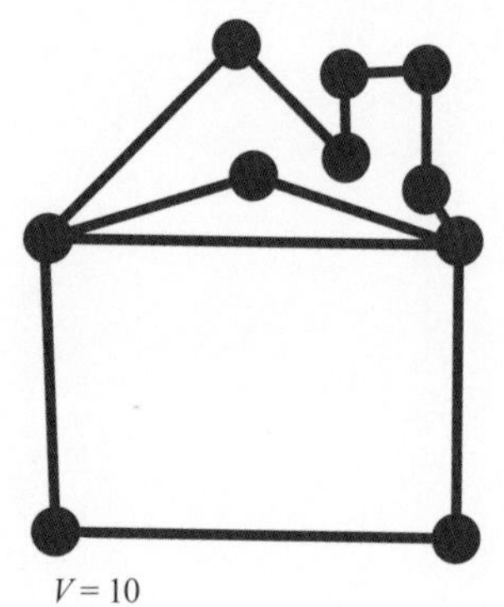

$V=10$
$R=4$
$E=12$

$V+R-E=10+4-12=2$

图8

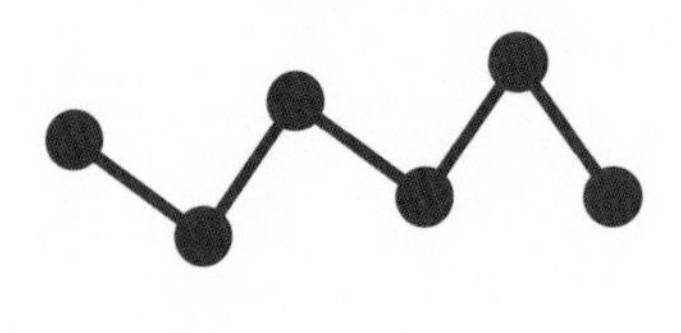

$V=6$
$R=0$
$E=4$

$V+R-E=6+0-4=2$

图9

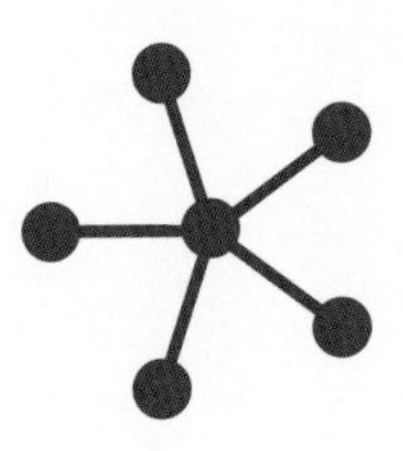

$V=5$
$R=1$
$E=5$

$V+R-E=5+1-5=1$

图10

补充内容：欧拉示性数等于 2 的要求

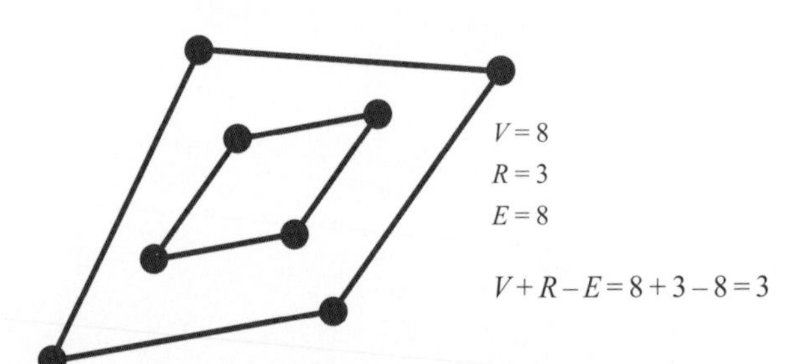

$V=8$
$R=3$
$E=8$

$V+R-E=8+3-8=3$

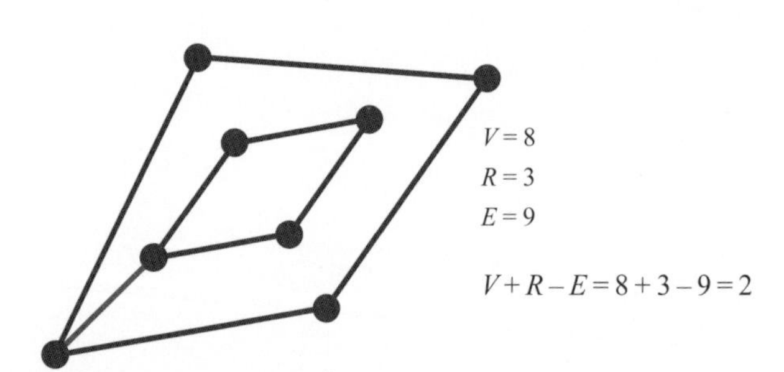

$V=8$
$R=3$
$E=9$

$V+R-E=8+3-9=2$

$V=4$
$R=5$
$E=6$

$V+R-E=4+5-6=3$

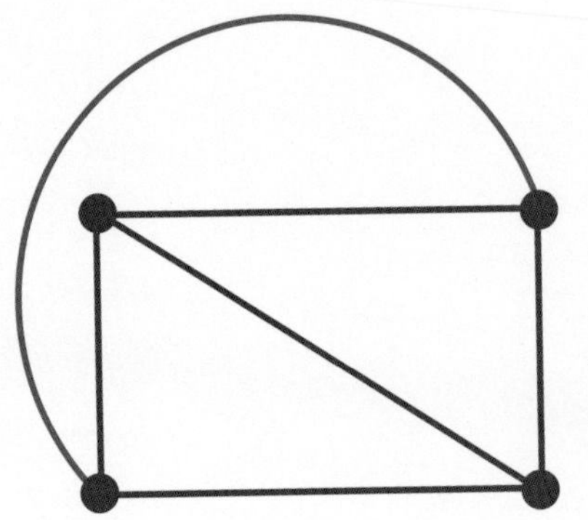

$V=4$
$R=4$
$E=6$

$V+R-E=4+4-6=2$

感谢你们！

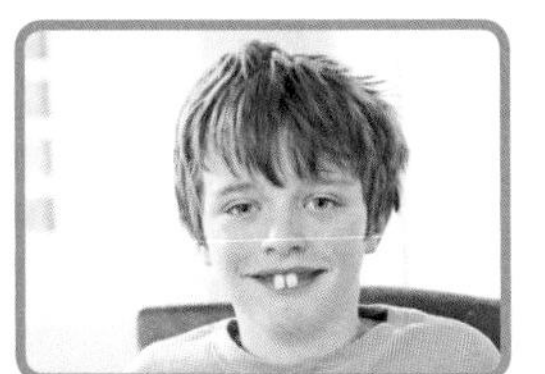

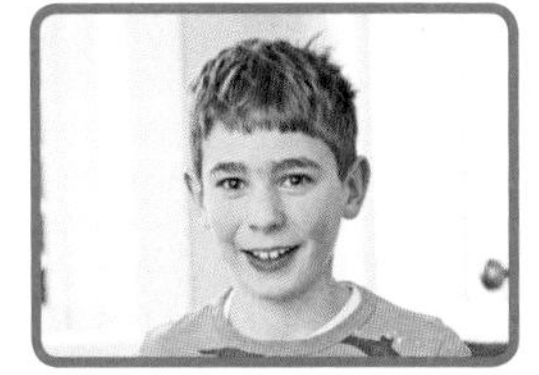

致谢

丽贝卡（Rebecca）要感谢她的父母——Ron和Joan，是他们教授她如何简明清晰且语法正确地写作，也是父亲使她认为写书是一件正常的事情。

她还要感谢她的丈夫Dean的全程支持。

丽贝卡最年长的孩子Allanna让她认识到有必要撰写这本书。Allanna和她那永远好奇的弟弟Zack不仅对妈妈写书这件事非常热情，同时也很高兴能够检验书中的游戏内容。丽贝卡期待着她最小的孩子Xander快快长大，他们可以一起做完书中的所有实验。她感谢三个孩子每天给她的生活带来的幽默和欢乐。

我们俩要感谢因合作写这本书带来的愉快。这是我们合作的结果，我们为之感到骄傲。这本书也给了我们很好的机会去继续我们已开始协助建立的STEAM（science, technology, engineering, art, and math，即科学、技术、工程、艺术和数学）校外学习中心项目，这是一项有意义的工作。

J.A.要感谢丽贝卡的耐心和热情。因为这次合作机会，学到了许多新的东西，也增强了彼此的友谊。通过这次机会，能够重新学习一些东西，并改进自己原有的想法，也学习了很多非常酷的东西（不管是否写入这本书中），并且分享了许多真实难忘的数学玩笑。

我们非常感谢所有给予我们帮助的人，他们检查并改正了书中的内容。特别是麻省林肯市伯奇斯学校（Birches School）的师生，用他们欢乐的脸庞为本书增添光彩。

我的母亲，数学教授Kathie对书的内容提供了颇有价值的反馈。在每个实验的工作过程中，因为她的热情，使我们感到很快乐。

当然，我们首先要感谢Quarry Books出版社的编辑Joy和Tiffany为我们的书指明了方向。Meredith和Anne的无私工作使本书呈现出如此美好的面貌。

最后，我们要感谢Quarry Books出版社的全体员工，他们帮助我们把如此美丽、精彩的游戏用数学的方式带给世界。

关于作者

丽贝卡·拉波波特（Rebecca Rapoport）拥有美国哈佛及密西根州立大学的数学学位。她离校后的第一份工作即投身哈佛网络教育，作为先驱者之一，她将自己对数学的热爱传递给别人。作为零售巨人亚马逊及云计算领域首屈一指的Akamai科技公司的早期创办者之一，拉波波特在网络革命中的几个基础部分发挥了关键作用。后来，丽贝卡回归她钟爱的教育行业，作为爱因斯坦工作室的首席运营官，引导孩子和成人进入极其重要的STEAM世界，这是一个致力于帮助孩子开发科学、技术、工程、艺术和数学创造性的学习中心。中心提供给六至十岁孩子的课程之一就是数学游戏，因此激发了本书的创作灵感。

目前，拉波波特在位于波士顿的学校开发并教授创新性数学课程。

J.A.约德（J.A.Yoder）拥有美国加州理工学院计算机科学学位，她是教育家兼工程师，终身热爱猜谜和模式。她的教育理念是“需要动手的创造性工作是最有趣和最有效的学习方式”。她为校外课程开发并教授具有原创性的动手玩数学课程，这使她萌发了撰写此书的想法。她最快乐的记忆来自数学里的“发现时刻”，要么是融会贯通，学一而顿悟，要么是通过求解一个智慧的谜题而获得成功的喜悦。

译后记

美国数学教育家丽贝卡和约德合著的这本书，是写给孩子的，非常适合6岁以上的孩子在家长的引导下边游戏边学习，真正地做到了寓教于乐，不仅让孩子从小就对数学产生浓厚的兴趣，还能大大地开阔他们的数学视野。这本书在培养和开发孩子的数学素养方面，作了很好的尝试。

本书单元1到单元5，通过动手和动脑，可以让孩子了解几何和空间的结构，从感性认识进一步到理性认识。单元6到单元8，则是对平面几何的基本形状及其性质的操作实验。单元9到单元11，介绍了对形状的研究，可以开拓孩子的思维，这部分是数学中拓扑学的内容，属于我国高中数学的探究内容，但却以更有趣的方式让小年龄的孩子也能理解。这本书的特别之处还在于加入了近代数学中的着色、分形和图论等数学内容，这些是我国传统数学教育中缺失的部分，却是调动数学思维活跃性很好的案例。书中的火柴棍拼图、尼姆游戏、七巧板等单元不仅可以让孩子玩中学，更是思维训练的好方法。

这本书的内容由浅入深、引人入胜、充满趣味，读后令人回味无穷。有些单元需要两人或三人合作，家长和孩子可以一起参与，书中的内容对于初中文化程度及以上的家长来说都是容易理解的，并能对孩子进行本书内容的辅导。做这些数学游戏所需的材料也都是家里常见的，家长可以根据实际情况，选择内容与孩子一起游戏。

如果能让孩子觉得数学并不枯燥，是有趣的，那就是我翻译这本书最大的快乐！

刘永明

华东师范大学数学科学学院教授、博士生导师

推荐书评

这本书虽然定位为6至10岁孩子认识数学的入门书，但同样适合小学高年级和中学生阅读，甚至哪怕是受过高等教育的成年人，同样能从本书中获益良多。

我家里有无数中外各国的数学图书，这其中包括各种名家经典、数学思想史、数学竞赛解题等，但唯独这本书很特别。它特别在整本书既没有枯燥的数学公式，也没有复杂的计算，更不需要背诵和记忆，阅读体验非常亲近孩子。简单来说，这是一本让孩子在玩中学的趣味数学科普书，这样的书在我们平常是很少见到的，让人有耳目一新的感觉。

在整本书中，作者想传达一种教学理念，那就是通过不断动手和尝试，每个孩子都有机会发现有趣而重要的数学知识，也有机会成为数学家，因为这些事情其实都是数学家们平时在做的。

在很多人看来，学数学就好比是爬楼梯，先学加法，然后是减法，再是乘法和除法，一步一个脚印。这本书想告诉读者们，其实数学更像爬树。数学有很多分支学科或者领域，很多领域其实只需要一些非常基础的知识就可以进入。

长期以来，我们国内的数学教育，无论是学校还是一些培训机构，过于强调计算，强调背公式、套题型，还强调解题的模式化，这些直接导致了孩子们不仅看不到数学之美，也不清楚真正的数学研究是怎么一回事。算术与真正的数学其实有着很大的差距。欧美的孩子虽然算术方面比中国的孩子差很多，但他们在数学的创造性方面是优胜于我们的，这可能就是中西方数学教育的重心和理念上的差异所导致的。

在这本书中，作者就想让数学回归它的本源，让孩子学会像数学家一样创造性地去思考问题、探索规律、提出猜想、证明结论，最终明白数学研究其实是怎么一回事。

总之，这是一本能带领孩子进入美妙的数学世界的优秀读物，读者们千万不要错过了！

应俊耀
一线数学教师，一位数学思维教育的坚守者

37 个适合全家动手玩的数学游戏，

无需埋头苦算，不用熟记公式

数学原来很有趣！

给孩子的实验室系列

给孩子的厨房实验室

给孩子的户外实验室

给孩子的动画实验室

给孩子的烘焙实验室

给孩子的数学实验室

给孩子的天文学实验室

给孩子的地质学实验室

给孩子的能量实验室

给孩子的 STEAM 实验室

给孩子的脑科学实验室

扫码关注

获得更多图书资讯